A Arte
de Guardar
o Sol

Walter Steenbock

A Arte de Guardar o Sol

Padrões da Natureza na reconexão entre florestas, cultivos e gentes

Coordenação Editorial
Isabel Valle

Copidesque
Carla Branco

Crédito das fotos
. capa – Mak (Unsplash)
. capa 2 e página 152 – Fabiani Araújo
. página 2 – Mathieu Bigard (Unsplash)
. página 22 – Bogomil Mihaylov (Unsplash)
. capa 3 e página 78 – Jan Canty (Unsplash)

Steenbock, Walter
A Arte de Guardar o Sol: padrões da Natureza na reconexão entre florestas, cultivos e gentes / Walter Steenbock. Rio de Janeiro: Bambual Editora, 2021.
207 pp.

ISBN 978-65-89138-11-2

1. Ecologia. 2. Biologia. 3. Ciências Sociais. I. Steenbock, Walter. II. Título.

CDD 577
CDU 574

www.bambualeditora.com.br
conexao@bambualeditora.com.br

por uma pedagogia de reconexão

Agradecimentos

A Ana Maria Primavesi, Alrik Copijn e Ernst Götsch, por abrirem caminhos, portas e janelas ao conhecimento de como produzir alimentos em abundância, em cooperação e em reconexão com a natureza.

A Nelson Eduardo Corrêa Neto, Luis Cláudio Bona, Anésio da Cunha Marques e Osvaldo Sousa (Osvaldinho), referências profissionais desde a minha época de estudante, e a Maurício Sedrez dos Reis, professor e orientador para muito além do mestrado/doutorado, que se transformaram em grandes amigos e parceiros de trabalhos, aprendizados e reflexões até hoje, sem o que este livro não seria possível.

A Fabiane Machado Vezzani, Eurico Vianna, Isabel Valle, Namastê Maranhão Messerschmidt, Roberta Aguiar dos Santos, Cecil Maya Brotherhood de Barros, Rodrigo Ozelame da Silva e Breno Herrera da Silva, entre tantos outros amigos e parceiros que ajudaram de muitas formas a abrir a estrada por onde passa esse livro, cujas páginas seriam poucas para nominar.

A meu pai Chris, minha mãe Helga e meus irmãos, de onde venho.

A Greicy, minha querida companheira, por compartilhar transformadora e profundamente os dias e as noites dessa nossa jornada (angakok), e a Maria Clara e Beatriz, filhas amadas e luzes do caminho, por renovarem a cada dia o 'esperançar' de um mundo mais justo e solidário.

Aos agricultores e agricultoras familiares camponeses e suas organizações populares, que trazem da relação com a terra nossos alimentos, que defendem a vida de todos os seres e com quem tenho aprendido muito e cultivado amizades. Pedro Oliveira de Souza (Pedro Baiano), Bernardo Vergopolem, Vilmar Lermen e Adilson Gonçalves Batista estão entre eles.

E, em especial, aos povos originários e comunidades tradicionais dessa terra, que nos legam a possibilidade de futuro, ancestral. Muito obrigado, com todo o compromisso que, na língua portuguesa, esta palavra enseja.

Sumário

Nos (re)conhecendo natureza

Ao nos lembrar que os telescópios nos aproximam dos corpos celestes ao mesmo tempo em que nos afastam dos sons, dos cheiros e das texturas da noite, a obra de Steenbock me remete a Aldo Leopold, o floresteiro, ambientalista e cientista reconhecido como umas das principais influências do desenvolvimento da Ética Ambiental.

Em sua obra *Almanaque de um Condado Arenoso*, Leopold explica, já em 1949, que "nossas ferramentas são melhores do que nós e crescem melhor e mais rápido do que crescemos. Elas bastam para quebrar o átomo, para comandar as marés, mas não bastam para a tarefa mais antiga da história da humanidade, viver num pedaço de terra sem estragá-la".

É auspicioso que esta obra se oriente pela 'arte de guardar o sol' e, tão competentemente, se dedique a encontrar e apontar caminhos para uma pedagogia de reconexão com a natureza e também ilumine áreas do pensamento para nosso bem viver e de nossa relação com a produção de nosso alimento, que a ciência reducionista convenientemente não esclarece.

A Arte de Guardar o Sol: padrões da natureza na reconexão entre florestas, cultivos e gentes é fruto e sucessão ecológica de um sentimento, um saber e uma pertença inquebrantável – somos natureza! Esse saber-sentir irrompe como semente de uma pioneira que brota em solo inóspito na suposta linearidade da história ocidental de tempos em tempos pelas mãos, gestos, palavras e ações concretas de pessoas que considero iluministas da ecologia.

Resgatando em Marx, e depois em Foster, a maneira como o modo de produção capitalista causa a fratura metabólica entre humanos ocidentais e os territórios que habitam, Steenbock revela em várias dimensões como esse projeto hegemônico de sociedade e agricultura se faz possível por vários tipos de subsídios.

Na dimensão humana, a obra de Steenbock ilumina como o inchaço dos centros urbanos foi custeado pela autonomia, dignidade e saúde dos que foram privados de sua relação com *a* solo e o alimento que *ela* produz.

Nas dimensões biofísica e ecológica, esta obra revela a dessacralização da 'arte de guardar o sol' ao contar como o projeto hegemônico ocidental se realizou, e continua se realizando, usando enormes quantidades de energia fóssil, ou seja, de raios de sol guardados por florestas há centenas de milhares de anos. A obra de Steenbock, sob outro prisma, revela como o ocidente funciona de maneira energeticamente deficitária desde sua concepção.

Mas existe uma outra dimensão propositalmente escondida pela hegemonia ocidental que é esclarecida pela *Arte de Guardar o Sol*: é a dimensão histórica e genealógica do que Steenbock chama de 'agriculturas invisíveis'. Enquanto a sucessão do *projeto* de sociedade ocidental se desenrolava, subsidiado pela escravidão humana e a subjugação completa da natureza, perpetrando injustiças e criando desertos, outras gentes que viviam em florestas, savanas e pradarias, ao viver guardando o sol, cobriam *a* solo e acolhiam a chuva, criando a providência que nutriria um número cada vez maior de seres à sua volta.

Ao trazer luz para a agricultura dos Kayapó, dos Baniwa, dos Tukano, dos caboclos do baixo Rio Negro ou dos caiçaras do litoral norte de São Paulo, Steenbock revela agriculturas invisibilizadas propositalmente pelos invasores. Uma estratégia de dominação que vem sendo desmascarada pelas revisões históricas feitas pelos Povos Originários das Américas e da Oceania.* E, ao engendrar nas gentes e nos territórios sua agricultura hegemônica, ao domesticar as paisagens mentais, o modo de produção capitalista, de fato, tornou invisível para a maioria de nós a possibilidade de viveres plurais, abundantes em energia, em biodiversidade e cosmovisões.

A pedagogia da reconexão imbuída dos princípios ecológicos florestais apresentada por Steenbock, entretanto, mais uma vez nos oferece entendimento, possibilidades de ação e cura em várias dimensões.

Explicando que somos capazes de nos produzir a nós mesmos como preconiza a autopoiese, de Varela e Maturana, e que o meio que criamos e vivemos pode fazer florescer nossos potenciais ou amofinar nossas raízes, Steenbock nos oferece um caminho de redenção para a posição de algozes de nós mesmos em meio a extinção em massa e mudanças climáticas que infligimos à Mãe Terra. Ele oferece um caminho para nos refazermos mais saudáveis, mais rijos e nédios, mais íntegros com a natureza à nossa volta.

Evidenciando por meio das acoplagens estruturais e das propriedades emergentes que a dádiva é maior que a troca, Steenbock nos oferece por meio de sua ecologia florestal lições de cooperação fundamentais para a construção de alternativas viáveis para nós como

---

* Krenak, A. 2019; Kopenawa, D. e Albert, B. 2015; Pascoe, B. 2014.

espécie. Lições que uma vez aprendidas e integradas também nos oferecem cura para o competitivismo e a falta de solidariedade endêmicas desse modelo de civilização.

Tornando visíveis as agriculturas invisibilizadas pelo projeto colonizador e tornando-as acessíveis, desejadas e praticadas por um número cada vez maior de pessoas, Steenbock nos redime de quinhentos anos de atraso para entender uma lição que os Povos Originários e tradicionais vêm tentando nos ensinar. Talvez a única lição capaz de nos redimir da posição de causadores do Antropoceno: a de que precisamos aprender a viver como viviam estes tantos outros povos e entender que a única viabilidade econômica que existe, de fato, é a que encoraja a diversidade de ideias, culturas e ações, que regenera a saúde humana, dos coletivos e dos ecossistemas onde vivemos e produzimos nosso alimento.

Eurico Vianna

Vila de Itapirubá, Imbituba, SC – Inverno de 2021

Doutor em Desenvolvimento Comunitário, educador e
consultor em planejamento de propriedades rurais.
Criador e produtor do podcast e website Impacto Positivo.

Primeiras palavras – Uma conversa em volta da fogueira

"A agricultura é a arte de guardar o sol", diz um antigo provérbio chinês. Na tradição Yanomami, quando a floresta não está nua, seu perfume e fertilidade vivem em harmonia com Mofokari, o ente solar.[40] Se "o futuro é ancestral", como nos aponta Ailton Krenak,[41] é tempo de relembrar quem somos, de que natureza a gente é feita. Ou, melhor dizendo, é tempo de recordar que somos natureza.

Recordar é uma palavra que significa trazer de volta ao coração. É tempo de trazer de volta ao coração que guardamos o sol quando cultivamos alimentos. Que nos perfumamos com a floresta quando crescemos com ela. Que 'se virmos a ser, é porque já fomos'.

É tempo de recordar a poesia. De que somos todos poetas, um tanto endurecidos pelo afastamento que impusemos à beleza do mundo, mas guardando o dom da conexão inteira com o universo, como centelha que não se apaga. E "se você é poeta", como descreve Thich Nhat Hanh,[86] "você vê claramente que existe uma nuvem voando nessa folha de papel. Sem uma nuvem, não haveria chuva;

sem chuva, as árvores não poderiam crescer; e sem árvores, não poderíamos fazer o papel". E não haveria livros, nem florestas, nem cultivos, nem gentes.

Este livro fala disso: florestas, cultivos e gentes, que existem porque existem nuvens e porque existe sol, porque existe passado, existe presente e existe futuro, em conexão constante no tempo e no espaço.

Para falar dessas coisas, entretanto, é preciso trazer ao coração a realidade dessa conexão. Apesar dela ser ancestral, temos preferido tentar nos separar da natureza para conseguir entendê-la, como se pudéssemos sentir a doçura do mel sem saboreá-lo ou a alegria de um banho de chuva sem se molhar. Nesse esforço, temos nos esquecido de que a ciência, que busca esclarecer justamente a natureza das coisas, é muito próxima da poesia de que somos feitos. Temos tentado insistentemente, por exemplo, entender as estrelas só com telescópios, deixando de viver a noite em toda sua plenitude, com seus sons, cheiros, brisas e amores.

Nossa espécie, porém, quando se reúne sob um céu estrelado, há muito tempo faz fogueiras para aquecer o corpo e o coração. E não é com telescópios que fazemos isso, mas com a centelha do fogo que nos fez viver em comunidade. Desde que somos gente, as histórias e os átomos que formam nossa matéria e orientam nossa energia se misturam ao redor de uma fogueira nas noites das florestas. Ali descansamos, preparamos nossa comida, bebemos, nos aquecemos, nos protegemos, trocamos ideias, cultivamos sentimentos, cantamos e dançamos. E é assim que estar em volta de uma fogueira nos aproxima da noite estrelada... e de nós mesmos.

Temos feito pouco disso ultimamente. Não temos nos aquecido com nosso fogo ancestral e talvez isso, entre outras coisas, esteja nos fazendo esquecer de quem de fato somos.

Este livro está sendo escrito no momento em que uma grande pandemia assola a humanidade. A Covid-19 tem causado sofrimento e morte a milhões de pessoas no mundo. Só no Brasil, até o fechamento da publicação já eram mais de meio milhão de mortos. O frio gelado do luto já encontrou praticamente todas as famílias do país.

Essa tristeza cria também uma ansiedade coletiva, para que "voltemos ao normal" o mais rápido possível. Sem dúvida, não queremos que essa doença terrível leve mais ninguém. Porém, é tempo de fazer uma fogueira para refletir e conversar sobre se devemos querer, de fato, voltar ao normal, sobre que normal é esse ao que queremos voltar. Afinal, os efeitos catastróficos dessa pandemia são potencializados pela exclusão social, pelos impactos ambientais, pelo egoísmo político e por uma grande variedade de comorbidades da saúde individual e coletiva. A própria pandemia é também sintoma de uma doença social mais profunda. Descansemos um pouco. Acendamos uma fogueira.

O que temos feito, como humanos, aos sistemas vivos da Terra, dos quais fazemos parte, queiramos ou não? Desde a época da Revolução Industrial, temos tentado viver escapando desses sistemas, de forma pouco inteligente. E mais: temos sido prepotentes ao ponto de considerar a inutilidade desses sistemas para nossa própria vida, tentando converter nosso conforto em meio ao seu funcionamento por uma sede insaciável de consumo de bugigangas que nos separem cada vez mais de nossa própria natureza.

Nos últimos dois séculos, já nos tornamos responsáveis por imensas alterações climáticas, ecológicas e geomorfológicas no planeta. Este período de transformações desacopladas da vida corresponde apenas a alguns milionésimos da idade do planeta. As espécies e os ecossistemas não têm conseguido se adaptar a tanta mudança, a tanta degradação, ainda mais em tão curto espaço de tempo. Temos sido responsáveis, então, pelo mais intenso processo de extinção que o mundo já presenciou. Não é um meteoro, não são explosões vulcânicas ou qualquer outra coisa: somos nós, como humanos, extinguindo gradativamente a vida de todas as espécies, incluindo a nossa.

Nessa nova era que criamos, o Antropoceno,* o Capital está acima da Vida. Por isso alguns já a têm chamado de Capitaloceno. Em nome do capital, estamos destruindo o planeta. Em nome dele, estamos destruindo também nossa relação uns com os outros e promovendo tristeza e morte. Nesse caminho rumo ao caos, insistimos em justificar nossas atividades econômicas como se vivêssemos em um mundo ilimitado de recursos e independente da necessidade de cooperação coletiva.

E, assim, a agricultura hegemônica em larga escala tem representado um papel desolador. Desmatando, envenenando rios, contaminando alimentos, causando erosão, concentrando terras e desterritorializando gentes, o modelo de agricultura praticado na maior parte da área do planeta vem sendo, de longe, a atividade humana mais impactante sobre os ciclos e processos naturais e sobre a própria saúde humana individual e coletiva, no campo e nas cidades. Esse tem sido, em grande parte, o nosso "normal".

Ao sentir o calor de uma fogueira, a brisa da noite, o cheiro do mato, meditemos um pouco. Queremos mesmo esse "normal"? Quanto tempo duraremos nele, antes de nos aniquilarmos em guerras que precederão a falta de água e de comida que certamente não tardará, em meio à dificuldade de funcionamento dos ecossistemas e

---

* Nas últimas décadas, o termo Antropoceno vem sendo utilizado por diversos cientistas para definir o período mais recente da história do planeta, caracterizado por intensas modificações climáticas e ecológicas geradas por uma única espécie – a humana.

de tantas secas, enxurradas, furacões e outros sintomas das mudanças climáticas?

Deixemos o sussurro da floresta, nessa roda da fogueira, falar aos nossos corações e mentes, nos convidando a voltar para casa. Ainda há tempo de regenerar, em conjunto com a Vida.

Guardar o sol em sintonia com a fertilidade e o perfume da floresta é algo que os Povos Originários costumavam fazer. Ainda hoje, estes povos e as comunidades tradicionais continuam a fazer isso, plantando seus alimentos em meio à dinâmica florestal. Aprendendo com o conhecimento da mata, com as trocas de saberes e com o desenvolvimento de novas técnicas, milhares de agricultores familiares camponeses têm produzido alimentos e manejado paisagens em processos de Agricultura Regenerativa, em parceria com as forças da natureza, no campo da agroecologia.

Como fazer disso algo mais "normal"? Como cooperar com a Vida enquanto se vive? As respostas existem e vão muito além de questões técnicas. A floresta fornece o rumo, a agricultura familiar camponesa nos ensina a prática, a agroecologia agrega os saberes e a evolução da Vida nos inspira a fazer parte dela.

Atualmente, quem vem produzindo comida em parceria com a natureza vem respondendo essas perguntas no seu dia a dia: gerando dezenas de toneladas de alimentos por hectare. Nas mesmas áreas em que se recupera a fertilidade do solo, se promove a biodiversidade, se conserva a água e se retira gás carbônico da atmosfera. A resposta a essas perguntas passa também pelo aumento da segurança alimentar de quem produz e de quem consome, a partir de cadeias curtas de comercialização e de sistemas de economia solidária. Dessa forma, estes agricultores e agricultoras têm sido protagonistas de um processo de transição da relação humana com a natureza na produção de alimentos.

Isso não é uma hipótese ou uma possibilidade. Está acontecendo, é real. Este livro busca lançar um olhar sobre essa transição, refletindo sobre aspectos ecológicos, agronômicos, históricos, sociais, ambientais e econômicos envolvidos.

Na primeira parte, a conversa é sobre agricultura: uma breve história de como temos produzido alimentos, tanto na agricultura hegemônica quanto a partir de outros modelos. A segunda parte é sobre o mato – a ecologia florestal –, apontando para como as forças da natureza funcionam, em seus ciclos e processos ecológicos. Entendendo-os, passamos a perceber que existem padrões de funcionamento da natureza que ocorrem nas florestas, nas plantas, nos animais, em qualquer célula e inclusive em nós mesmos.

A partir de tais reflexões, caminhamos juntos para o aprendizado que é possível quando utilizamos esses padrões para a produção de alimentos, no rumo de uma reconexão entre o ser humano e o organismo planetário. É disso que trata a terceira parte do livro, que começou a ser escrita ao redor de uma fogueira, procurando encontrar as nuvens que voam sobre suas folhas de papel... procurando juntar florestas, cultivos e gentes.

Ao calor do fogo ancestral, a intenção deste livro é também a de contribuir para reduzir a imensa carga de pensamento colonizador que, ainda hoje, imprime à natureza e às comunidades que mais perto dela vivem a invisibilidade, a desterritorialização e a destruição. É, enfim, contribuir com tantas outras vozes para “abrir clareiras” ao desenvolvimento de sistemas de produção e modos de vida solidários, cooperativos e que trazem abundância, autonomia e conservação ambiental.

PRIMEIRA PARTE

Falando de agricultura

Renova-te

Renasce em ti mesmo.

Multiplica os teus olhos,
para verem mais.

Multiplica os teus braços
para semeares tudo.

Cecília Meireles

A roça, o mato e a clareira

"Por que minha roça não cresce tanto quanto esse mato?", dizia seu Juca quando o conheci. Ele, agricultor de seus quase 70 anos, *roçando um mato* para plantar milho, ao final da tarde de um dia suado. Eu, agrônomo recém-formado.

Sabia que era uma pergunta retórica. Afinal, seu Juca não esperava que eu respondesse e ambos sabíamos a resposta, cada qual com sua linguagem. Agronomicamente, a resposta é simples: as culturas comerciais são mais exigentes, menos competitivas e menos rústicas que as espécies adaptadas ao "mato", não suportando a elevada competição por luz, água e nutrientes. Exigem o afofamento do solo, a correção de sua acidez, a eliminação das espécies competidoras, a adubação adequada e, em vários casos, a irrigação.

A pergunta não é só do seu Juca. Qualquer um que já tenha "*carpido um eito*" por ao menos um dia de serviço já se fez essa pergunta melancólica. E a resposta agronômica é sempre taxativa e repleta das palavras "exigência", "competição", "eliminação", "correção"... Palavras comuns em um ambiente empresarial de uma multinacional, em um sistema carcerário, em escolas tradicionais e em algumas gestões de governo.

Afinal, nos acostumamos a lidar com a natureza como se seu sistema tivesse sido concebido à imagem e semelhança dos sistemas sociais humanos em que há dominação política e econômica.

Deturpamos as observações de Lamarck e de Darwin,[19] ainda não aprendemos com as lições sobre a cooperação na natureza trazidas por Humberto Maturana e Francisco Varela,[50] ainda pensamos em Gaia como um ser que mora na mitologia grega – e não como espaço de vida, como nos ensina Lynn Margulis e James Lovelock[44,45] – e ainda insistimos em não percebê-la de forma integrada, como nos aponta Edgar Morin.[54,55] Assim, continuamos a imaginar a natureza como um ambiente em que "cada um só pensa em si" e onde a competição ocorre muito mais do que a cooperação e a simbiose.

Nós nos convencemos, há alguns séculos, de que se quisermos fazer algo no ambiente natural – como produzir alimentos – devemos usar supostamente as mesmas armas. E o resultado disso tem sido o sucesso financeiro de poucas e imensas empresas que produzem as sementes, os adubos e os agrotóxicos. Quanto ao ambiente e às famílias de agricultores no "front", já não se pode dizer o mesmo. Afinal, acabamos por reproduzir, nos sistemas agrários, efeitos do sistema social hegemônico: êxodo rural, concentração de terra, contaminação ambiental.

Voltando à pergunta do seu Juca, por mais retórica que ela pareça ser, talvez seja fundamental tentar respondê-la com um pouco mais de reflexão, e fazendo outras perguntas, tais como: por que será que "o mato" cresce tão rápido? Por que quanto mais o mato cresce, mais espécies diferentes aparecem? Por que, quanto mais espécies aparecem, fica mais confortável trabalhar dentro do mato do que a pleno sol? Por que, quando o solo da lavoura seca, dentro do mato ainda está úmido? Por que, em uma floresta madura, a maior parte das plantas parece saudável, mesmo debaixo da sombra e crescendo às vezes bem perto umas das outras? Afinal, essas constatações são óbvias se observarmos uma floresta em regeneração, em uma área de clareira, por exemplo. Então, poderíamos perguntar: será que as forças da natureza que fazem isso tudo acontecer poderiam ser utilizadas para produzir nossos alimentos? Será que, necessariamente, temos que lutar para acabar com essas forças, ao invés de trazê-las para cooperar com nossa produção e, ao mesmo tempo, cooperarmos com a natureza? E, se conseguirmos produzir junto com "o mato", será que aprenderemos também a ser mais cooperativos e solidários?

Em muitas comunidades humanas, ao longo da história, respostas a essas perguntas se manifestam em lavouras e sistemas de produção de alimentos diferentes da agricultura que temos chamado de agricultura. Dessa forma, conhecer um pouco sobre a história da produção de alimentos pode nos ajudar a direcionar nossos sistemas produtivos atuais, no rumo de nossa própria reconexão com a natureza.

Breve história da agricultura que costumamos chamar de agricultura

Começando a arar a terra

É comum ouvirmos histórias de como a vida era mais difícil antigamente. Os adolescentes de hoje ouvem de seus pais como a comunicação era complicada sem smartphones ou internet. Estes, por sua vez, ouviram de seus pais como a vida era difícil sem televisão ou geladeira. E assim segue a descrição das dificuldades da vida cotidiana, de geração em geração. Mas não temos, em nossa memória recente, lembrança de como era a vida sem agricultura.

Imaginemos, por um momento, a vida de nossos ancestrais, milênios atrás. Ter comida, a condição mais básica para a sobrevivência, dependia exclusivamente da caça e da coleta. Enquanto o homem saía para caçar, a mulher procurava manter a segurança alimentar da família com a coleta de frutos e raízes. Muitas vezes, provavelmente, o homem não só não voltava com a comida, mas de fato podia não voltar, pois tinha tomado o lugar da caça.

Descobrir que ao separar a semente de uma planta, enterrá-la e cuidar de sua germinação, uma nova planta se formava e que esta poderia gerar muitos frutos e sementes da mesma espécie foi, sem dúvida, a descoberta mais importante da humanidade para a garantia da continuidade de sua existência coletiva.

E, provavelmente, essa foi uma descoberta feminina. Tecnicamente, chamamos a terra de o solo, como se fosse um substantivo masculino. Mas solo é mesmo um substantivo feminino. De acordo com o amigo Eurico Vianna, que assina o prefácio desse livro, deveríamos falar em "a" solo, e não "o" solo. De sua substância, nosso alimento é criado, com o cuidado da natureza e de quem o planta, tal qual um processo de gestação.

Bem, ao começar a plantar, as pessoas passaram a trazer para perto de casa a produção de alimentos. Mais que isso, o local onde se plantava passou a determinar a fixação das comunidades. Parecia mais seguro e inteligente cuidar dos campos de plantio do que sair atrás da caça, morando temporariamente e de forma precária onde ela estivesse.

Assim, o começo da agricultura se confunde com o início da história das sociedades humanas, com seu "parto" para o mundo. Isto porque é a partir da produção localizada de alimentos – e não da busca por ele em outros lugares – que a humanidade vai gradativamente deixando de ser nômade e se estabelecendo em comunidades cada vez maiores.[51] A caça e a coleta, mesmo acompanhando até hoje as comunidades rurais de todo o mundo, foram deixando de ser a fonte principal de alimentos, dando lugar ao cuidado com a terra, com os plantios e, por vezes, com a criação de animais.

Neste caminho, grande parte da terra foi passando pouco a pouco a ter dono, a ter cercas, a gerar excedentes de produção e, finalmente, a gerar lucro. E poder.

O jeito de fazer agricultura que mais gerou lucro e poder, ao longo da história, foi iniciado há aproximadamente dez mil anos, entre a Europa e a Ásia.[51] Uma combinação de fatores ecológicos, sociais e genéticos direcionou a escolha dos grãos ali como principal base alimentar cultivável. Entre tais fatores, foi muito importante a capacidade de algumas espécies de manter a maior parte de suas características a cada safra.* [35] Saber que vai se colher aquilo que se plantou, em uma quantidade mais ou menos parecida, passou a permitir o planejamento de produção, o que mais tarde veio a permitir o planejamento da troca ou comercialização e o estabelecimento das sociedades agrárias.

Os grãos, dessa forma, foram provavelmente os primeiros organismos-alvo da domesticação humana naquelas regiões. Ao separar, a cada safra, as melhores sementes para um novo ciclo de plantio, as comunidades humanas estavam desenvolvendo, aos poucos, variedades mais adaptadas às condições de seus campos.**

Ou seja, a cada colheita, ano a ano e em cada localidade, a seleção de sementes a partir das plantas mais produtivas e mais saudáveis para o próximo plantio foi modificando gradativamente a base genética dessas espécies para melhor aproveitamento humano. Neste

---

* O que é favorecido pela elevada taxa de autofecundação e de herdabilidade de características, comuns nessas espécies.

** É mais comum relacionarmos o termo "domesticação" com espécies animais: cavalo, boi, cachorro e galinha são animais domésticos, pois convivem com os humanos, estão perto de casa. De fato, o termo deriva da palavra latina "*domesticus*", que significa *pertence à casa, convive na casa*. Entretanto, conforme exposto, as plantas também podem ser domésticas ou selvagens. Plantas domesticadas são aquelas que, assim como grande parte dos grãos, foram sendo modificadas em sua base genética, a partir da seleção contínua de características desejáveis pelos humanos.

processo, características como a rapidez de amadurecimento dos grãos (e ao mesmo tempo entre as várias plantas na lavoura), maior capacidade de "segurar" os grãos nas vagens (evitando sua abertura natural, o que reduziria a colheita) e maior resistência ao frio, entre várias outras, também foram sendo selecionadas.[4, 35, 51]

O direcionamento dessa seleção está relacionado a outro fator fundamental para o protagonismo dos grãos no início da história da agricultura na região da Europa e Ásia Central: a possibilidade de produção de um ciclo completo das plantas entre uma estação de frio e outra. É importante lembrar que, em clima temperado, o inverno gelado, muitas vezes com neve, inviabiliza o crescimento e até a própria sobrevivência das plantas. Há 10 mil anos, a Terra ainda vivia o Pleistoceno, um período muito mais frio do que hoje. Assim, plantar na primavera e poder colher até o outono é uma condição que foi cada vez mais buscada na seleção dos grãos que passaram a ser cultivados, como o trigo, a lentilha e a cevada.[4, 35]

Ter uma colheita farta antes da estação fria resolveu outro problema fundamental para a sobrevivência das comunidades humanas: garantir disponibilidade de alimento, a partir de seu armazenamento, sem precisar depender da caça no período mais frio do ano (o que não era tarefa fácil nem garantia de sucesso). Os grãos são muito menos perecíveis que outros alimentos, não havendo problemas limitantes para seu armazenamento durante o inverno.[51]

E foi através de seu armazenamento que acumular passou a ser importante para as comunidades que o faziam. Ter alimento acumulado é fundamental não só para comer, mas também para fornecer a quem não tem, algo que acabou se tornando uma prática que pudesse estabelecer alguma possibilidade de troca ou benefício. Assim, aos poucos foi sendo criado o sentido de comercialização, no que quem tivesse mais comida acumulada poderia obter mais benefícios.

A fábula da cigarra e da formiga está em nosso inconsciente coletivo. Trabalhar intensamente antes do frio, para ter comida no inverno, ou trabalhar para que haja acúmulo, é algo que foi se impregnando em nosso inconsciente ao longo da história ocidental. Produzir mais passou a significar ter mais riqueza. Assim, quanto mais terra e mais trabalhadores para cultivar e colher, maior a posição social e econômica. Dessa forma, o acúmulo da produção agrícola orientou a estrutura agrária, as relações de trabalho e a hierarquia social das sociedades europeias.[20] E, ainda na Idade Média, depois de milhares de anos da origem dessa forma de fazer agricultura, a base da alimentação humana comum consistia, em grande parte, de uma ou poucas espécies de grãos, em forma de sopa ou pão.

Os grãos apresentam ainda outra característica fundamental para a sobrevivência humana e para a conformação das sociedades agrárias: servem de alimento para animais, a principal fonte de proteína na nutrição humana. Domesticar bois, cabras, porcos, ovelhas e galinhas – basicamente a partir do fornecimento de grãos – passou a ser muito mais eficiente para a garantia de comida de origem animal do que caçar. Ao longo da história, portanto, a domesticação de animais caminhou junto com a domesticação de plantas.[20]

Ter animais de grande porte domesticados resolveu ainda mais um problema importante: para cultivar os grãos e ter colheitas em quantidades maiores, era preciso arar o solo – especialmente considerando que havia pouco ele poderia ter estado coberto de neve. Um boi à frente de um arado de aiveca fazia isso muito mais rapidamente do que um homem com um sacho ou uma enxada. Assim, além de fornecer proteína, os animais contribuíam muito para o aumento da produtividade agrícola. E ainda havia outro ganho muito importante: produziam esterco, que rapidamente foi percebido como adubo, potencializando a produção.[20]

E foi arando terras com tração humana ou animal, adubando com esterco e restos vegetais, plantando principalmente grãos, tendo animais domesticados como ajudantes e gerando excedentes de produção que as sociedades agrárias da Europa, na Idade Média, se estabeleceram.[20, 51]

Da Europa para o mundo

Ao final da Idade Média, mesmo com a importância fundamental da agricultura, produzir excedentes de alimentos se misturava a outras atividades econômicas que assumiam cada vez mais destaque. As rotas de comércio com o Oriente e com o Novo Mundo aumentavam os fluxos de mercadorias e de serviços. Ao mesmo tempo, as cidades começavam a se formar, demandando a produção de comida em maior escala e redirecionando os espaços de poder.

Aos poucos, a quantidade de moeda passou a ser o maior indicador de riqueza, ao invés da quantidade de terra e da posição de nobreza de quem a detinha. De qualquer forma, não faltava riqueza a quem tinha muita terra e produção agrícola. Os excedentes de produção permitiram também a construção de navios e as campanhas das grandes navegações, que vieram a configurar a geografia mundial da era moderna.[79] Permitiram, igualmente, a produção de armas que, em conjunto com germes de muitas doenças humanas (com resistência adquirida em grande parte a partir do contato próximo com animais domésticos), foram os ingredientes da dominação econômica e política do Novo Mundo.[20]

Quando os colonizadores europeus aqui chegaram, trouxeram a pólvora e as balas de canhão com as quais subjugaram os Povos Originários. Além disso, vieram com eles os germes de doenças que aqui não existiam, que acabaram aniquilando populações inteiras. Trouxeram também a fábula da cigarra e da formiga, que passamos a aprender desde que somos crianças. Ainda hoje, pouco conhecemos sobre as histórias de nossos Povos Originários, impregnados que estamos, em nosso inconsciente coletivo, com a importância do acúmulo como condição de sobrevivência.

O solo das terras das Américas veio a ser cultivado – em geral por mãos escravas – para a produção de excedentes de cana de açúcar, de algodão, de tabaco, de trigo e de tantos outros produtos para o abastecimento da economia europeia. Neste processo, sistemas de produção próprios das comunidades humanas das terras colonizadas não foram sequer identificados como agricultura.*

Entre as grandes navegações do século XVI e a Revolução Industrial na Europa no século XIX, a história nos conta uma série de mudanças, revoluções e reestruturações sociais, culturais, religiosas e econômicas. É curioso notar, porém, que apesar da agricultura ter se expandido – tanto em termos de área cultivada quanto em termos de produtos agrícolas – o jeito dominante de produzir alimentos seguia basicamente o padrão de preparar o solo com tração humana ou animal, adubar com adubos orgânicos (fermentados ou não, a partir de esterco e restos vegetais), semear (em geral manualmente), realizar tratos culturais, especialmente a capina (com trabalho humano e animal) e colher (manualmente ou, raramente, com implementos de tração animal).

A revolução tecnológica

A partir do final do século XIX, o jeito dominante de fazer agricultura começou a mudar. A Revolução Industrial caminhava em conjunto com a aplicação de conhecimentos científicos, especial-

* Como veremos mais à frente, em muitas dessas terras já havia comunidades humanas há milênios, produzindo sua comida de formas variadas.

mente de física e química, que tiveram nessa época uma grande evolução. Enquanto trens e navios a vapor cruzavam as terras e os mares aplicando os conhecimentos gerados por Francis Bacon e Isaac Newton, a agricultura começava a aplicar conhecimentos que a química proporcionou.

Assim, merece destaque o trabalho de Justus Von Liebig,[46] considerado o pai da química agrícola. A partir de vários experimentos, Liebig começou a demonstrar a dependência das plantas a elementos químicos. Ele identificou os macronutrientes – nitrogênio, fósforo e potássio, que as plantas necessitam em maior quantidade – e os micronutrientes (tais como magnésio, boro e zinco, que embora sejam necessários em quantidades muito pequenas, limitam o crescimento vegetal quando estão escassos). Estabeleceu o postulado que mais tarde ficou conhecido como a "lei dos mínimos", ou Lei de Liebig, que caracteriza a limitação do crescimento vegetal quando o nível mínimo de cada nutriente não está disponível. Essa lei representa didaticamente a produção vegetal como um barril de água, com tábuas de diferentes tamanhos: de nada adianta o barril ter tábuas maiores se são as menores que limitarão seu conteúdo. Nessa representação (conhecida como "barril de Liebig") as tábuas são as concentrações limitantes de cada nutriente para o crescimento vegetal.

Tais conhecimentos sobre nutrientes, suas concentrações, formas de aplicação e relação com a produção vegetal passaram a ser estudados e amplificados nas escolas de agricultura e agronomia. No final do século XIX, os países europeus já contavam com a química direcionando a ciência agrícola nas universidades. No início do século XX, essas escolas se espalharam pelo mundo. No Brasil, datam dos primeiros anos daquele século as escolas de agronomia no Rio Grande do Sul, no Rio de Janeiro e em Minas Gerais.

Pela primeira vez, o jeito de fazer agricultura relativamente hegemônico no mundo da modernidade em expansão estava prestes a uma revolução tecnológica. O debate acadêmico se dividia entre os "humistas", que apontavam a importância da matéria orgânica dos estercos na fertilidade do solo, e os "mineralistas", que traziam o conhecimento da química mineral na nutrição de plantas.[60, 61, 62]

Nesse debate, houve um grande impulso para os 'mineralistas', após a Primeira Guerra Mundial. Nesse período, as bombas estavam entre os principais produtos de tecnologia bélica, tendo o nitrogênio (na forma de amônia ou nitratos) como um dos principais componentes. No início dos anos 20, a industrialização do nitrogênio encontrou fábricas e tecnologias disponíveis para a produção de adubos, que passaram então a ser produzidos e utilizados intensamente nas lavouras, aumentando a produção agrícola. Na esteira dos adubos nitrogenados, a produção dos adubos potássicos e à base de fósforo também ganhava impulso.[60, 61, 62]

A mudança conceitual e tecnológica relacionada à adubação se mesclou, mais tarde, com outra tecnologia fundamental para a conformação do jeito convencional de fazer agricultura. Na década de 30, começaram a ser produzidos híbridos das principais espécies comerciais, especialmente de grãos. Esse momento marcou o início da aplicação da ciência da genética, em larga escala, na agricultura. As sementes híbridas são combinações de variedades muito diferentes de uma mesma espécie, que costumam apresentar grande vigor quando cultivadas, caso não sofram de falta de água ou nutrientes.

O plantio de híbridos com adubação química (especialmente à base de nitrogênio) passou a ser a inovação tecnológica principal das lavouras mais capitalizadas, aumentando sua produção. Porém, houve efeitos colaterais. Um deles foi a redução da autonomia dos agricultores sobre a produção de suas próprias sementes. Em geral – e desde o início da agricultura, como colocado anteriormente

– se separam as sementes mais sadias, maiores e de plantas mais produtivas para o plantio da próxima safra. Os híbridos, apesar de apresentarem elevada produção potencial, não se reproduzem satisfatoriamente. Explicando melhor: se plantarmos sementes híbridas de milho, por exemplo, e fornecermos condições adequadas para o desenvolvimento da lavoura, é provável que haja uma boa produção de espigas. Se selecionarmos as melhores sementes dessa safra, no entanto, para o plantio da próxima lavoura , a taxa de germinação será baixa, bem como a capacidade produtiva das plantas que vierem a germinar. A partir da aplicação em massa de híbridos na agricultura, a separação das melhores sementes para a próxima safra passou a não fazer mais muito sentido. Dessa forma, iniciou-se a produção empresarial de sementes para seu fornecimento aos agricultores a cada início de safra. Em geral, esse ramo de produção passou a ser exercido pelas mesmas empresas que já fabricavam os adubos.[60, 61, 62]

Outro efeito colateral do plantio de híbridos com elevada adubação nitrogenada, em monocultura e alta densidade, é a maior suscetibilidade à incidência de insetos e fungos. As indústrias químicas produtoras de adubos passaram então a se debruçar sobre o desenvolvimento de substâncias que viessem a controlar as chamadas pragas e doenças. Gradativamente, uma grande variedade de fungicidas e inseticidas passaram a ser produzidos e aplicados. O conhecimento químico e biológico utilizado e desenvolvido nesse processo acabou desencadeando também a produção de herbicidas em larga escala, para evitar o desenvolvimento de espécies de plantas competidoras nas lavouras. Novamente, as mesmas empresas que já produziam as sementes híbridas e os adubos passaram a ser as protagonistas, agora, da produção de agrotóxicos.[60, 61, 62]

Já na primeira metade do século XX, o desenvolvimento tecnológico da agricultura respondia tanto a um processo intenso de industrialização quanto à necessidade de fornecer alimentos em grande escala para as cidades, em um crescente processo de urbanização mundial.

A partir de então, a tecnologia envolvia não somente sementes híbridas, adubos químicos sintéticos e agrotóxicos, mas também o uso de maquinário pesado – tratores e colheitadeiras – necessários para o preparo das áreas, para a aplicação de adubos e agrotóxicos e para a colheita em grandes áreas. A geração e fornecimento dessas tecnologias foi se concentrando cada vez mais em grandes empresas de alcance mundial.

Paralelamente, nos anos 60 e 70, grande parte dos países do chamado Terceiro Mundo experimentou "milagres econômicos", durante os quais a agricultura e a indústria receberam grandes montantes de investimentos internacionais. No meio rural, esses investimentos foram direcionados para a aplicação de um pacote tecnológico agrícola – agregando o uso de sementes geneticamente melhoradas/híbridos, adubos químicos/corretivos de acidez do solo, agrotóxicos e maquinário. Estimulado pelos bancos (via fornecimento de crédito) e pelas instituições de ensino, pesquisa e extensão, esse pacote acabou por gerar a chamada "Revolução Verde", que modificou radicalmente a agricultura desses países – inclusive do Brasil – contribuindo decisivamente para a conformação de sua estrutura agrária, de sua condição de grandes produtores primários e sua forma de distribuição do capital financeiro.[60, 61, 62]

Mais recentemente, o uso de organismos geneticamente modificados (especialmente de sementes transgênicas) e a otimização tecnológica dos processos agrícolas a partir da agricultura de precisão vieram a complementar o pacote tecnológico da agricultura convencional moderna.

Domesticação e dependência

Essa breve descrição histórica da agricultura aponta para algumas dimensões sociais, ambientais, culturais e econômicas de sua prática. Entre essas dimensões, há uma em geral pouco discutida, inclusive nas escolas técnicas e nas faculdades de ciências agrárias: a associação entre a agricultura convencional moderna e a domesticação completa das espécies – e das paisagens.

Como já colocado, desde o início da agricultura, a prática da domesticação de espécies de plantas envolveu separar as melhores sementes de uma lavoura – em geral as maiores e mais sadias – para o plantio na próxima safra. O que torna as sementes selecionadas as "melhores" são as características de adaptação genética das plantas aos ambientes em que foram plantadas. Dessa forma, geração após geração, cada agricultor foi selecionando variedades cada vez mais adaptadas às suas condições de plantio, em cada região.

As condições de plantio, por sua vez, tendem a ser muito diferentes do ambiente natural: práticas agrícolas como a aração, a irrigação, a adubação e a retirada de outras espécies são direcionadas para as que estão em cultivo. Assim, as espécies cultivadas passaram a depender cada vez mais das modificações do ambiente promovidas pela agricultura. É por isso que, atualmente, várias espécies agrícolas só existem em forma de cultivo. Não se acham pés de tomate ou de soja, por exemplo, crescendo naturalmente em ambientes naturais. Ou seja, o tomate, a soja e a maior parte dos cultivos agrícolas estão, hoje, completamente domesticados, pois dependem da agricultura para sua sobrevivência.

É importante perceber que nas áreas de agricultura, de forma associada à domesticação de espécies, há em geral uma domesticação completa da paisagem.[13,14] Para se cultivar, há um esforço enorme em se criar as melhores condições possíveis para o desenvolvimento exclusivo da espécie que está sendo plantada. Isso, entretanto, não é o que ocorre naturalmente. A natureza não é exclusivista. Sem a intervenção humana para a domesticação da paisagem, o estabelecimento das espécies de plantas e animais está relacionado à ampliação gradativa da diversidade.

Dessa forma, o plantio de uma espécie domesticada em uma monocultura geralmente ocorre em uma paisagem em esforço para domesticá-la, eliminando tanto quanto possível o esforço da natureza em torná-la biodiversa. Planta-se uma única espécie, para a qual se direcionou o preparo do solo, com maquinário apropriado. Corrige-se a acidez e faz-se a adubação de forma calculada para aquela espécie. Muitas vezes, irriga-se a área, considerando as demandas hídricas daquela espécie. Caso surjam outras plantas, aplicam-se herbicidas. Caso surjam fungos ou insetos, aplicam-se fungicidas e inseticidas. A lógica do "barril de Liebig" foi, finalmente, amplificada para toda a tecnologia agrícola: se alguma coisa dá errado, ou seja, se algo é identificado como "a tábua" menor de um barril, que está limitando seu conteúdo, trata-se de aumentar o tamanho daquela tábua.

E, assim, as espécies cultivadas vão ficando cada vez mais dependentes de condições artificiais da paisagem, tornando-se gradativamente menos rústicas. Em outras palavras, as espécies domesticadas vão demandando, cada vez em mais intensidade, a domesticação da paisagem agrícola. Com o advento da tecnologia de produção de sementes híbridas e, mais recentemente, das variedades transgênicas, essa perda de rusticidade tem ficado cada vez mais evidente – e intencional.

Suprimir as forças da natureza para produzir espécies cada vez menos rústicas custa caro.[75] Os agricultores sabem muito bem disso, quando percebem o pouco lucro que sobra (quando sobra) após o custeio e o investimento em uma safra. Muitas vezes, embora a receita da comercialização seja grande, a dívida com as empresas de insumos ou com bancos é proporcional. Não é incomum a dívida ser maior que a receita. Obviamente, a dívida de um é o lucro de outro. Nesse caso, o das empresas transnacionais que produzem as sementes, os adubos e os agrotóxicos. Afinal, promover a domesticação completa das espécies e das paisagens para sua produção faz parte da estratégia de seus oligopólios. Além disso, como são poucas empresas e com atuação em todo o planeta, a formação de preços desses insumos não obedece totalmente à lei da oferta e da procura, mas sim a acordos comerciais entre elas próprias. Dessa forma, os agricultores precisam vender seus produtos com preços formados pela livre concorrência, mas precisam pagar seus insumos a preços formados por quem os vende.[75]

Não raras as vezes, a própria distribuição dos produtos também é assumida pelas mesmas empresas, ou por conglomerados dos quais fazem parte, aumentando ainda mais seu poder de influência na relação comercial com os agricultores.[75] A agricultura convencional moderna, portanto, está associada também à "domesticação" das grandes empresas sobre as práticas agrícolas, na qual a dependência completa dos agricultores é o elemento central. A domesticação completa de espécies e das paisagens e a dependência completa dos agricultores acabam formando o tripé da forma hegemônica de se fazer agricultura no mundo.

Além de custar caro para os agricultores e de ser extremamente lucrativa para as empresas transnacionais de produção de insumos, os impactos ambientais dessa forma de produzir alimentos têm sido imensos, incluindo o desmatamento, os incêndios florestais, a erosão, a contaminação dos solos e da água e a intoxicação de agricultores e consumidores, entre tantos outros. Estes efeitos, muito embora sentidos e pagos por toda a sociedade, não entram na conta dos custos das empresas que os promovem.[60, 61, 62, 75]

A Fratura Metabólica

Como observado na breve história da agricultura que acabamos de relatar, há um período no qual foi criado um grande divisor de águas no jeito de as sociedades humanas lidarem com a produção de alimentos. Um momento em que se forjava não só os conhecimentos e as bases tecnológicas do mundo moderno, mas também uma nova forma de conhecer e se relacionar com o mundo.

Voltemos, com um olhar um pouco mais atento, à Europa do século XIX. Em sua segunda metade, a Europa experimentava a efervescência de várias ciências. A Revolução Industrial demandou e foi o objetivo principal de tal desenvolvimento, em especial da química e física.

Foi nessa época que começou a se desenvolver a química agrícola, em especial a partir do trabalho de Liebig, já apontado anteriormente. Muito se fala dele como pai da agroquímica, mas em geral pouco se comenta sobre sua preocupação com a necessidade de manter a fertilidade dos solos. Com base nos resultados de suas investigações e na observação da sociedade em intensa transformação, Liebig alertava que a industrialização havia criado uma nova divisão do trabalho entre a cidade e o campo, de modo que os alimentos consumidos pela classe trabalhadora nas grandes cidades não geravam mais subprodutos para reposição de adubo no solo, esgotando, gradativamente, seu estoque de nutrientes. Liebig denunciava, dessa forma, a agricultura moderna como um "sistema de roubo" (*robbery system*), alertando para a provável deterioração da civilização em função da redução gradativa da produção de alimentos.[28]

Fraas, professor de agricultura contemporâneo de Liebig, em contrapartida, apontava para diferentes jeitos de fazer agricultura que mantinham e até aumentavam a produtividade sem causar a exaustão do solo, indicando métodos de agricultura mais acessíveis, "usando o poder da própria natureza para sustentar a fertilidade do solo". Defendia também que não bastava apenas analisar a composição química do solo, na medida em que suas reações mecânicas e químicas dependem fortemente de fatores climáticos, como temperatura, umidade e precipitação.[72]

Importante notar que as observações de Fraas, Liebig e outros "agriculturistas" europeus da segunda metade do século XIX se davam no contexto da Revolução Industrial, em meio à profunda mudança social, política, econômica – e também agrária – que ela promovia.* É em meio a tal processo de mudança – e também como parte de sua motivação – que Marx e Engels desenvolvem a concepção econômica e social que veio a fundamentar a obra "O Capital".

Desde seu início, a transição do modo de produção feudal para a agricultura moderna em construção já produzia efeitos sociais marcantes. Antes disso, o trabalhador camponês feudal dispunha da propriedade ou uso de seus próprios meios de produção. Ou seja, da terra onde plantava e colhia. Ainda que em condição de servidão ao senhor feudal, o camponês dispunha então de domínio sobre a produção econômica necessária para sua reprodução orgânica. Não havia mediação entre o que produzia e consumia. Assim, a relação entre produção e consumo era direta ou imediata.[27,84]

---

* Interessante notar que este debate sobre a "lei do mínimo", "o sistema de roubo" e diferentes métodos de agricultura se dava em uma época muito anterior ao surgimento das diferentes correntes de agricultura conhecidas posteriormente como "alternativas", como veremos mais tarde. Foi somente meio século após esse debate que Rudolf Steiner veio a promover suas conferências na Alemanha, criando as bases da Agricultura Biodinâmica; ao mesmo tempo, praticamente, que Mokiti Okada e Masanobu Fukuoka, de forma independente, criavam as bases da Agricultura Natural no Japão e que Albert Howard começava seus experimentos de Agricultura Orgânica na Índia. A Agricultura Biológica surge somente um século depois.[37]

O desenvolvimento da manufatura (que mais tarde faria surgir as grandes indústrias) dependia de mão de obra até então escassa nas ainda tímidas aglomerações urbanas, onde a burguesia começava a prosperar. Eram necessários trabalhadores livres, disponíveis, desterritorializados e desenraizados do mundo rural. Para tanto, o contingente de trabalhadores que produzia direta e imediatamente a quase totalidade de seus alimentos passou a ser gradativamente afastado desta relação direta com sua produção. Esse processo histórico foi fortemente marcado pelos *enclosures* ingleses, quando porções de terra anteriormente trabalhadas a partir de mão de obra familiar e comunitária passaram, através de cercamentos forçados, a ser propriedade legal da emergente burguesia urbano-industrial.

Os *enclosures* marcam uma fratura metabólica entre sociedade e natureza, inscrita histórica e objetivamente nos primórdios do modo de produção capitalista. Com o fechamento (cercamento) e expulsão forçada das terras comuns – que permitiam ao campesinato produzir o que necessitavam para viver – os trabalhadores rurais alienaram-se do processo produtivo ao qual estavam intimamente associados. Para garantir seu sustento, passaram a necessitar da mediação do empregador burguês, proprietário dos meios de produção. Separados dos meios de produção (ou seja, da terra onde trabalhavam diretamente), restou aos camponeses unicamente oferecer sua própria força de trabalho como meio para, através do recebimento de salário, adquirir os bens necessários a sua subsistência.[84]

No volume I de "O Capital", em uma seção chamada "Indústria e Agricultura Modernas", Marx,[49] vivenciando este momento, descreve que o modo de produção capitalista

> reúne a população em grandes centros e faz com que a população urbana alcance uma preponderância cada vez maior, per-

> turbando a interação metabólica entre o homem e a terra, ou seja, impedindo o retorno ao solo de seus elementos constituintes consumidos pelo homem na forma de alimentos e roupas; portanto, dificulta a operação da eterna condição natural para a fertilidade duradoura do solo e, assim, destrói ao mesmo tempo a saúde física do trabalhador urbano e a vida intelectual do trabalhador rural.

De acordo com Foster,[27] pesquisador que vem discutindo a história e os efeitos da "fratura metabólica" identificada por Marx, essa fratura se dá quando, dentro da sociedade capitalista, a relação metabólica entre sociedade e natureza é suprimida através da separação entre os seres humanos e as condições naturais que formaram a base de sua existência.[84]

Nos últimos anos de sua vida, Marx estudou e chegou a escrever vários cadernos sobre ciências naturais e sobre sistemas de produção de alimentos em sociedades pré-capitalistas, com a preocupação clara de que seria preciso o desenvolvimento de formas de agricultura mais adequadas a um projeto de socialismo duradouro. Para Kohei Saito, pesquisador que vem analisando seus cadernos, fica clara nessas anotações uma preocupação central de Marx para muito além da forma de organização privada ou comunal da propriedade. Esta preocupação está relacionada à forma de produção – que precisaria ser transformada para uma reconexão metabólica.

De acordo com Saito,[72] na esteira do socialismo, tende-se a discutir o problema central da propriedade: transferir ou abandonar o sistema de propriedade privada e mudar para o sistema de propriedade estatal ou comunal, para que não haja mais exploração. No entanto, se pensarmos que a ruptura metabólica é um problema real, não podemos solucionar essa ruptura apenas mudando a condição ou posse da propriedade, mas realmente mudando a interação entre os seres humanos e a natureza, o que significa que temos que alterar a produção, no rumo de sua sustentabilidade. Para isso, a esfera da produção é a chave, não a esfera da propriedade. E, nela, não basta apenas buscar tecnologias diferentes. Marx identificou que as tecnologias capitalistas contribuíam para o desenvolvimento de forças produtivas em prol do próprio capital e que reorientavam, portanto, a interação entre humanos e natureza, de forma organizada, para um processo crescente de acumulação. Ele acabou percebendo que o capital, assim, realmente molda essa interação metabólica, não sendo possível usar a tecnologia de forma igualitária em tal cenário.

Na prática, a "fratura metabólica" – dando origem ao processo de desterritorialização dos camponeses e à condição para que o espaço da agricultura viesse a se transformar, mais tarde, no espaço da domesticação completa de espécies e de paisagens e no palco da aplicação maciça de insumos industriais – permanece, até hoje, de forma hegemônica no mundo globalizado.

Entretanto, muito embora a Revolução Industrial europeia tenha sido fundamental para a conformação do mundo moderno e para a "exportação" da fratura metabólica, não foram todos os países e nem todas as regiões, todas as comunidades e todos os modos de vida que passaram, de forma homogênea, por essa transição.

Outras formas de agricultura... outros modos de vida

Agriculturas invisíveis

A agricultura como a costumamos chamar, iniciada entre a Ásia e a Europa de 10 mil anos atrás, não é a única forma de produzir alimentos desenvolvida no mundo. Também há milênios, povos de diferentes continentes vêm criando formas próprias de produzir sua comida.

A colonização no chamado Terceiro Mundo promoveu a redução ou mesmo a destruição de mecanismos populares de codificação, transmissão do conhecimento e implementação de práticas agrícolas, além da destruição de relações sociais, de mercado e culturais desses povos. Além disso, os conhecimentos populares foram fortemente subjugados à ciência acadêmica. Assim, muitas dessas formas diferentes de produzir alimento podem de fato ter deixado de existir, em meio à colonização ou mesmo extinção das comunidades de agricultores.

Entretanto, a colonização não transformou radicalmente as agriculturas de todas as partes do mundo, nem de todas as comunidades rurais. Há agriculturas indígenas ainda sendo praticadas, muitas vezes de maneira muito parecida ao seu início, séculos atrás. Limitações de acesso a tecnologias e ao crédito, por parte de milhões de famílias de agricultores, acabaram propiciando também a fusão de práticas tradicionais com algumas tecnologias modernas. Em outras palavras, o "pacote tecnológico" da Revolução Verde não foi aplicado de forma integral por todos os agricultores.

Lidar com a natureza como parceira da geração de fertilidade e da segurança alimentar foi – e ainda é – prática comum nas agriculturas de diferentes povos. Não que não haja domesticação de espécies e de paisagens. De fato, ela ocorre, porém muitas vezes de forma incipiente ou incompleta, permitindo a atuação conjunta das forças da natureza no processo produtivo.

Em especial em regiões de clima tropical, o espaço da dinâmica florestal tem sido o ambiente no qual se introduzem práticas produtivas. Apesar do modelo da agricultura convencional moderna ter como foco o controle total dessa sucessão, priorizando o uso da mecanização e de insumos externos para esse fim, várias práticas de produção de alimentos, em diferentes regiões, por diferentes grupos e em distintas épocas têm manejado os processos ecológicos como aliados da produção.[81] Esse manejo não pressupõe a transformação das florestas em uma paisagem de monocultura, mas em mosaicos de paisagens em que os processos naturais sejam controlados ou incrementados em diferentes intensidades e formas, incluindo o plantio de espécies de acordo com o estágio sucessional da floresta, a poda de espécies adubadeiras, a concentração de adubação em áreas mais produtivas e a abertura de clareiras para potencializar a energia luminosa, entre várias outras técnicas.[81]

O olhar acostumado a ver agricultura apenas em áreas destinadas à produção de uma única espécie e em paisagens completamente domesticadas dificilmente considera áreas de manejo dessa natureza como paisagem agrícola.

No primeiro documento escrito em português no Brasil, Pero Vaz de Caminha conta ao rei de Portugal que os habitantes da terra "descoberta"

> não lavram, nem criam. Não há aqui boi, nem vaca, nem cabra, nem ovelha, nem galinha, nem qualquer outra alimária, que costumada seja ao viver dos homens. Nem comem senão desse inhame, que aqui há muito, e dessa semente e frutos, que a terra e as árvores de si lançam. E com isto andam tais e tão rijos e tão nédios, que o não somos nós tanto, com quanto trigo e legumes comemos.

Bem mais tarde, somente há alguns anos, a ciência acadêmica veio a reconhecer muitas vezes esses inhames, sementes e frutos como produtos de sistemas de produção agroflorestal, manejados intencionalmente pelas comunidades humanas.

Exemplos dessas agriculturas "diferentes" estão sendo cada vez mais estudados, ficando claro que são muito mais comuns do que se pensava. Apesar de negligenciados, estes sistemas agrícolas são, ainda hoje, corresponsáveis pela configuração das paisagens e pelo acréscimo de fertilidade do solo, produtividade e biodiversidade dos ambientes. Envolvem, além disso, conhecimentos e práticas bastante complexos.

Na separação entre o Cerrado e a Floresta Amazônica, por exemplo, os Kayapó tiveram suas práticas agroflorestais descritas por Darrell Posey, em 1984.[63] São comuns entre esse povo o estabelecimento de critérios de zoneamento de áreas, criação de ilhas de vegetação no Cerrado e de clareiras na mata, adubação específica de determinadas plantas, produção de adubo orgânico pelo uso de vegetação e cupinzeiros e introdução de agentes biológicos para controle de formigas. O conhecimento é especializado e, de 120 espécies inventariadas, pelo menos 90 foram reconhecidas como sendo plantadas. Essas intervenções se dão em uma multiplicidade de formas e locais: junto às casas, dentro do perímetro da aldeia, com a formação de pomares, hortas medicinais e de plantas manufatureiras; nas roças que distam de cinco a dez quilômetros da aldeia; nas trilhas que conectam aldeias e roças; em pequenas clareiras feitas nas trilhas; em locais onde se encontram clareiras naturais ou onde derrubam árvores para a coleta de madeira ou de mel; em sítios abertos em memória do pai ou da mãe que morreu; ou em micronichos especiais, tais como nas proximidades de rochas provenientes de basalto. Essas práticas, no entanto, não são aleatórias, mas sim orientadas por um zoneamento, o qual cria uma diversidade de estágios de sucessão, oportunizando uma grande diversidade de recursos, em ciclos determinados pelo clima e previsíveis pelo movimento dos astros e constelações.

Outro exemplo de manejo da sucessão natural no processo produtivo é a agricultura de coivara, amplamente praticada por comunidades rurais no Brasil. A ideia básica da agricultura de coivara (ou roça) é a abertura de clareiras na floresta, em diferentes estágios, a aplicação de fogo (incorporando nutrientes ao solo) e o estabelecimento e o manejo de uma variada comunidade de plantas, que apresenta uma grande diversidade genética. Portanto, a domesticação das espécies que compõem uma comunidade de roça teria surgido pela habilidade do agricultor em sua combinação ecológica. Após a roça, são tradicionalmente mantidos pousios* de 10 a 15 anos, recuperan-

* O pousio é uma prática que prevê a interrupção de atividades de manejo do solo para possibilitar a recuperação da fertilidade do sistema de produção.

do os nutrientes retirados durante as colheitas e restabelecendo as características florestais.[48]

Nas roças do sistema de agricultura de coivara, o padrão de domesticação se direcionou para espécies perenes, ao contrário do que prevaleceu na origem da agricultura hegemônica hoje no mundo, cuja domesticação foi direcionada para os grãos (como vimos anteriormente). Entre essas espécies perenes, estão a mandioca, a batata-doce, a taioba, o ariá, a araruta e o inhame, entre outras, cuja parte comestível é em geral a raiz ou o tubérculo (ou seja, os órgãos subterrâneos).

A produção e consumo de órgãos subterrâneos é uma adaptação cultural dos agricultores dos trópicos, em resposta, em parte, aos problemas de armazenamento comuns em climas quentes e úmidos. Diferente dos grãos, as raízes não precisam ser colhidas todas ao mesmo tempo e nem em uma estação específica. Não há neve e mesmo a época mais fria do ano em geral não é limitante para a continuidade do crescimento das plantas. O ritmo de colheita é ditado pela necessidade, e não pela planta, pois o armazenamento é feito na natureza e o abastecimento de alimentos pode ser garantido o ano todo. Nesse sistema, baseado na propagação vegetativa (por mudas ou manivas, os ramos dos próprios tubérculos), o agricultor geralmente planta logo depois que colhe. Como a produção não é concentrada em uma única época, o plantio também não é. Assim, nas áreas de roça, há cruzamento entre plantas de diferentes gerações, amplificando a variabilidade genética das espécies.[48] A dinâmica de plantio e colheita é acompanhada, historicamente, por um grande intercâmbio de mudas e sementes entre as comunidades.[87]

Esses aspectos, associados ao mecanismo cultural de seleção de mudas para novos plantios e da troca de variedades cultivadas dentro de ou entre comunidades de agricultores aumentam em muito a variabilidade e a capacidade de adaptação dos cultivos. Caboclos do baixo Rio Negro (AM), por exemplo, utilizam 38 variedades de mandioca, enquanto, os Baniwa e os Tukano (populações indígenas do noroeste amazônico) utilizam 74 e 89 variedades da espécie, respectivamente.[23] No litoral sul do estado de São Paulo (municípios de Cananéia, Iguape e Ilha Comprida), grupos caiçaras utilizam 58 variedades de mandioca e, no litoral norte (município de Ubatuba), esses grupos utilizam 53 variedades da espécie.[24]

Assim, as comunidades de caboclos, índios e caiçaras, ao produzirem roças, estão potencialmente mantendo e amplificando a diversidade genética dos cultivos, além da conservação de várias espécies nativas. Por outro lado, os ciclos das roças na agricultura de coivara promovem, ao longo do tempo, um mosaico de unidades de paisagem formadas por florestas em diferentes estágios e tamanhos, amplificando ainda mais a biodiversidade local.[78] Isso porque cada roça é feita em momentos e em áreas de tamanhos diferentes. Consequentemente, a regeneração da floresta após a formação das roças é constituída por ciclos, relações e espécies distintas, fazendo com que uma propriedade ou área de uso comum onde se praticam roças reflita em uma combinação de fragmentos de floresta manejada, em diferentes estágios de regeneração.

Além disso, ao longo do tempo, as trocas de sementes e mudas de várias espécies, entre diferentes comunidades, foram amplificando a agrobiodiversidade dos sistemas produtivos: junto com tubérculos como o cará ou a mandioca, o milho, a abóbora, o feijão e tantas outras espécies passaram a fazer parte das roças. Em meio à sucessão de espécies de árvores que vão aparecendo após alguns anos, a pupunha, o maracujá, o mamão, a banana e tantas outras fruteiras foram sendo manejadas, junto com outras plantas promovidas na paisagem, para lenha, madeira ou de uso medicinal.

Ao refletirmos sobre esses sistemas de produção, é possível supor que os modos de vida dos Povos Originários e das comunidades tradicionais de ambientes de clima tropical ou subtropical provavelmente não teriam criado bases culturais para a geração da fábula da cigarra e da formiga. Por aqui, a cooperação e a integração fazem mais sentido, na produção de alimentos, do que a competição e a acumulação.

Infelizmente, as histórias, lendas e fábulas originadas em regiões de clima tropical têm sido menos difundidas do que as fábulas de origem europeia. Uma dessas lendas fala sobre uma menina chamada Mani. Contada com algumas variações entre os povos de origem Tupi, sua lenda trata do surgimento da mandioca. Resumidamente e a partir de uma de suas versões, a lenda conta que teria nascido, entre os índios de pele morena, uma menina muito branca, a quem fora dado o nome de Mani. Mani era doce, alegre e cativante, querida por todos. Chegou uma época em que a aldeia foi invadida pela fome, e da fome veio a doença, que levou muitos à morte, incluindo Mani. De tão querida, seu corpo foi enterrado no centro da casa coletiva, a oca. O choro sobre o local onde fora enterrada fez brotar dali uma planta vigorosa, cujos frutos embriagavam os pássaros que os comiam. Os indígenas colheram a planta e perceberam que suas raízes eram brancas por dentro. A chamaram de Manihot (ou mandioca), que significa, em Tupi, corpo ou casa de Mani. Logo perceberam que plantando seus galhos (manivas) nascia uma nova planta e que cada nova planta produzia alguns quilos de raízes. A mandioca se transformou no alimento principal da aldeia, e não houve mais fome.

Aquilo que é diferente, respeitado e trazido ao meio da casa e gerando fartura para todos contrasta com a formiga sisuda que só trabalha, acumula e fecha as portas à cigarra cantora, da conhecida fábula.

Bem, voltemos aos exemplos de sistemas de produção citados acima, para refletirmos um pouco mais sobre seu funcionamento.

É importante notar, como já comentado, que agriculturas originadas em ambiente de clima tropical ou subtropical em geral tendem a utilizar a diversidade a abundância da biomassa vegetal como base para a fertilidade do sistema produtivo. Por causa das altas temperaturas e da grande intensidade de chuvas, os solos tropicais em geral são mais profundos e intemperizados (ou seja, suas partículas são menores, mais "quebradas" pelo sol e pela chuva). Ao mesmo tempo, toda matéria orgânica que chega ao solo é rapidamente transformada pela imensa quantidade e variedade de organismos que ali vivem, gerando menos acúmulo de húmus do que em solos de clima temperado.[64] Os nutrientes que chegam às plantas e seu conforto ambiental são consequência, portanto, da existência e do manejo da biodiversidade vegetal e do estímulo à vida no solo, em conjunto com a promoção das espécies de interesse.

Além disso, a produção de alimentos se dá a partir de diferentes níveis de manejo e a partir de várias espécies, em uma paisagem moldada por roças feitas em diferentes épocas e em diferentes tamanhos. Aqui, pode se estar colhendo e plantando mandioca ou abóbora, em uma roça feita ano passado; ali, pode-se estar colhendo maracujá, pupunha ou lenha, em uma área em que mais árvores já estão sendo manejadas, mas que foi roça de mandioca ou abóbora há mais tempo. A domesticação das espécies e das paisagens ocorre, portanto, em meio à utilização consciente de processos ecológicos para o incremento da produção, na qual a conservação ou o aumento da biodiversidade, no tempo e no espaço, é também uma estratégia. O próprio conceito de domesticação precisa ser bem contextualizado a esses sistemas de produção. Se a etimologia da palavra domesticação significa "trazer para perto de casa", parece que a casa das populações originárias e de comunidades tradicionais em ambientes de clima tropical é muito maior e tem muito mais cômodos do que a casa de clima temperado. Também não parece ter tantas cercas e nem depender tanto da acumulação de capital para existir, mas principalmente da cooperação com os processos ecológicos.

Falemos um pouco mais sobre a relação entre a produção de alimentos e a dinâmica florestal, a partir de alguns outros sistemas produtivos.

Na Bahia e em outras regiões do Brasil, a Cabruca* é outro exemplo de manejo da floresta em conjunto com o processo produtivo, implementado há praticamente três séculos para a produção de cacau. O sistema cacau-cabruca consiste em ralear a mata e implantar cacaueiros. O manejo da sombra e das espécies do sistema permite que, do ponto de vista ecológico, as plantas de cacau estejam melhor adaptadas do que em plantios de elevada densidade e a pleno sol; e, do ponto de vista econômico, essa maior adaptação se reflete em menor estresse hídrico, nutricional e de insolação, reduzindo a aplicação de insumos externos à propriedade e, consequentemente, os custos de produção.[43]

Na Amazônia colombiana, é comum o sistema tradicional de agricultura itinerante chamado *chagra*. As *chagras* são áreas familiares destinadas à agricultura de roça, derrubada e queima, em sistemas altamente diversos e complexos.[1] Neles, são plantadas geralmente sementes e mudas de espécies como banana, mandioca, tabaco, coca, inhame, milho, arroz, cana, pimenta, limão, abacate, tangerina, manga, amendoim, tomate, araçá, mafafa, ingá, abiu, mapati, mamão, pupunha, maraca e melão, entre outras.[1] Quando as espécies herbáceas/arbustivas terminam sua etapa produtiva (de dois a três anos), as atividades de manutenção da roça se suspendem e as áreas viram locais de caça e de coleta, por causa da oferta de frutos das

---

* Cabruca é uma corruptela do verbo brocar, que deu origem a cabrocar ou cabrucar a mata.

espécies perenes plantadas. Periodicamente, a família estabelece uma nova *chagra* em outro local, sem deixar de usufruir das áreas plantadas em anos anteriores, podendo cuidar de tantas áreas quanto sejam necessárias para garantir alimento suficiente para a família.

No centro-sul do Paraná, grande parte da área ainda coberta por vegetação nativa é constituída pelos chamados faxinais, sistema agrário no qual há um criadouro coletivo de animais (em especial suínos), em meio à floresta com araucária. Os animais se alimentam do pinhão (semente do pinheiro araucária) e de frutas que caem no chão, principalmente de espécies de árvores da família das mirtáceas (como a guabiroba, o araçá e a pitanga). O pinhão e a erva-mate, também comum e por vezes plantada nestes criadouros, são manejados para consumo humano e para a venda. Além do criadouro coletivo, geralmente no centro do faxinal e integrando as diferentes propriedades – sem cercas – há pequenas áreas de plantio de cada família, para fora do faxinal, cuja produção se destina ao autoconsumo e à venda, bem como complementa a alimentação animal. Os faxinais são sistemas tradicionais dos caboclos da região, desenvolvidos há mais de 300 anos,[80] que foram incorporados também pelos imigrantes poloneses, ucranianos e de outras origens.

Poderíamos trazer muitos outros exemplos de agriculturas implementadas junto à floresta, mas o objetivo central aqui é apontar que as "agriculturas invisíveis" descritas acima, entre tantas outras, são de fato sistemas de produção de alimentos e, portanto, sistemas agrícolas. Diferentemente da agricultura hegemônica, não são a expressão da domesticação completa das paisagens e das espécies para a produção em monocultura, mas sim combinações entre processos de domesticação de espécies e de paisagens, dos quais fazem parte a dinâmica florestal, os ciclos naturais e a cooperação.

Não foram esses tipos de sistemas, porém, os analisados por Liebig, Fraas ou mesmo por Marx, na segunda metade do século XIX (embora muitos deles já existissem). A "Lei do Mínimo" e o "Sistema de Roubo" talvez tivessem outra conformação, ou mesmo não existiriam, se estudados e propostos com base em sistemas mais diretamente relacionados aos processos ecológicos florestais.

Um século e meio após a criação da química e da física agrícolas, tais sistemas continuam com alto grau de invisibilidade. E, de acordo com vários pensadores e pesquisadores, essa invisibilidade está relacionada em grande medida ao pensamento colonial e suas consequências sociais, culturais e econômicas.[22,65,74] Boaventura de Sousa Santos, sociólogo português, propõe que tal invisibilidade é forjada por duas linhas.[73] A primeira visível, separando o Novo do Velho Mundo a partir das grandes navegações; e a segunda, invisível, que separa a realidade social em dois universos distintos: o "desse lado da linha", composto pelos homens civilizados do Velho Mundo, e o universo do outro lado, onde "não há conhecimento real; existem crenças, opiniões, magia, idolatria, entendimento intuitivos ou subjetivos, que na melhor das hipóteses, podem tornar-se objetos ou matéria-prima para a inquirição científica".[73]

Essas linhas criadas pelo pensamento colonial se aprofundaram cada vez mais ao longo dos séculos para além do que é legal ou ilegal, do verdadeiro ou falso. Hoje, o "Norte global" representa a institucionalização da verdade, do legal, dos humanos civilizados, portanto dos que estão "desse lado da linha", ficando do outro lado o "Sul global". Emerge, dessa forma, a globalização hegemônica, um sistema ideológico, material e técnico que visa impor ao mundo um único modo de existir, baseado no conjunto de saberes e formas de fazer no "Norte global",[73] no qual se inclui a agricultura convencional moderna. E é "norteando" também a agricultura que tantas outras formas de produzir alimentos – em conjunto com a natureza – se tornam invisíveis.

A "fratura metabólica" nas agriculturas invisíveis do Brasil

Para o pensamento colonial, a diversidade de saberes, sistemas de produção e modos de vida do Brasil são invisíveis. Essa invisibilidade não serve de antídoto, todavia, para os efeitos da fratura metabólica, que por aqui também chegou, ainda que em contexto diferente do que houve a partir dos *enclosures* ingleses e das consequências diretas da Revolução Industrial europeia.

De acordo com o Atlas do Agronegócio,[75] o Brasil apresenta 453 milhões de hectares sob uso privado, que correspondem a 53% do território nacional. Aproximadamente 45% dessa área privada está concentrada em propriedades com mais de mil hectares – equivalendo a apenas 0,91% do total de imóveis rurais. Portanto, praticamente metade da área privada com potencial produtivo é ocupada por menos de 1% das propriedades, sendo a outra metade dividida entre 99% das propriedades com áreas menores que mil hectares.

Um fator determinante dessa forma de distribuição está relacionado, inicialmente, ao sistema de colonização portuguesa, ao promover as capitanias hereditárias e sesmarias de grandes extensões como forma de ocupação territorial. Posteriormente, em 1850, a acumulação do capital de base agrária se amplificou com a Lei de Terras, aprovada pelo imperador D. Pedro II. A Lei de Terras definiu que, a partir de então, seriam legalizadas apenas as propriedades compradas do Estado ou de terceiros, não sendo reconhecida a apropriação por posse e usufruto. Naquele momento, o movimento abolicionista ganhava força e um dos principais objetivos da Lei era reduzir a possibilidade de aquisição de terras pela imensa maioria da população (à época, preta e escrava), mantendo o poder agrário de forma centralizada.[75]

A Lei de Terras, no contexto peculiar da burocracia estatal brasileira, acabou por estimular a falsificação de títulos de propriedade com fins de apropriação irregular, comumente chamada de grilagem. A partir desse cenário, contamos no Brasil com uma grande parcela dos latifúndios sem destinação à produção agrícola. Ainda de acordo com o Atlas do Agronegócio, em 2010, havia 66 mil imóveis declarados como "grande propriedade improdutiva", totalizando 175,9 milhões de hectares.

Assim, as capitanias hereditárias, as sesmarias, a Lei de Terras e o favorecimento estatal ao latifúndio garantiram a acumulação de capital em uma estrutura agrária oligárquica e centralizada. É nesse contexto, em especial da grilagem, que grande parte da população rural vem sendo ainda hoje desterritorializada e privada de seu metabolismo original com o ambiente natural, promovendo-se a "fratura metabólica" em diferentes modos de vida e sistemas de produção.

Há, também, outro aspecto importante em que é possível observar os efeitos dessa "fratura" no Brasil: a desvalorização de saberes e fazeres de sistemas produtivos tradicionais e a ausência do diálogo com o conhecimento agronômico moderno, como efeitos do pensamento colonial. Esse aspecto está nas políticas de crédito, de extensão e de pesquisa agropecuária, as quais têm sido "norteadas" para a implementação de pacotes tecnológicos de produção orientados pela maneira convencional moderna de fazer agricultura[2].

Muitas vezes, por falta de adaptação ecológica e econômica dos elementos tecnológicos de tais pacotes, os ganhos em produtividade não são perceptíveis. Isso ocorre, em especial, porque existem vários efeitos colaterais do uso crescente de sementes geneticamente modificadas, da mecanização agrícola pesada e do uso de corretivos, adubos químicos sintéticos e agrotóxicos, já discutidos anteriormente. Na busca pela substituição e diversificação crescente dos insumos, acaba-se gerando compactação e erosão do solo, diminuição do teor de matéria orgânica, redução da atividade microbiana do solo, esgotamento do lençol freático, desequilíbrio nas populações de fungos e insetos a partir das monoculturas e da aplicação de agrotóxicos, entre tantos outros impactos[2]. Essas sequelas não são somente danosas ao ambiente. Representam, em última análise, uma redução deliberada do capital natural dos agricultores que da terra dependem. E, dessa maneira, a perda de fertilidade e da capacidade das paisagens da propriedade em manter a biodiversidade vai tornando a produção cada vez mais cara.

Resumidamente, é fácil perceber pelo menos três instrumentos para a ocorrência da fratura metabólica em sistemas agrícolas tradicionais no Brasil: i) a desterritorialização, alijando fisicamente os agricultores de seu metabolismo com a natureza; ii) a invisibilidade desses sistemas como produtivos e resultados de saberes e fazeres tradicionais centenários ou milenares, o que inviabiliza inclusive políticas de pesquisa, ensino, extensão e crédito para sua continuidade; e iii) a promoção dos pacotes tecnológicos hegemônicos, reduzindo o capital natural e aumentando a dependência dos agricultores ao capital financeiro.[84]

Resiliência e resistência: coisas da natureza... e da agricultura familiar camponesa

Mais de 500 anos após a invasão portuguesa e dos efeitos do pensamento colonial, e um século e meio após a Lei de Terras, seria de se esperar que sistemas produtivos diferentes do proposto pela agricultura convencional hegemônica já estivessem extintos no Brasil, especialmente em pequenas propriedades e em comunidades tradicionais.

Entretanto, de acordo com o Censo Agropecuário de 2006 (último censo em que foi possível tal tipo de análise, com maior nível de detalhe), a maior parte da cesta básica de alimentos do brasileiro é composta por produtos da agricultura familiar camponesa, apesar de esta ocupar apenas 24% da área total de estabelecimentos. Cabe também à agricultura familiar empregar 70% da mão de obra no campo, apesar de receber (e só recentemente), em torno de 10 a 15% do crédito agrícola.[36] Parte do sucesso da agricultura em regime de economia familiar em nos alimentar é consequência de aspectos sociais, econômicos e culturais próprios, nos quais diferentes sistemas de produção que se utilizam do capital natural promovido pela dinâmica florestal estão inseridos.[84]

Nos exemplos de "agriculturas invisíveis" discutidos anteriormente, a produtividade é mantida e melhorada a partir justamente do manejo do capital natural, representado principalmente pela grande produção de biomassa vegetal, pela diversidade biológica e pela dinâmica florestal típicas de ambientes de clima tropical. Além disso, as características da agricultura familiar camponesa indicam uma situação potencialmente diferencial para o trabalhador do campo, se comparada à do trabalhador urbano.[84]

Dos três fatores econômicos – terra, capital e trabalho – o trabalho é, em última análise, o único que o trabalhador de fato dispõe. Em geral, não cabe ao trabalhador a posse de terras ou recursos naturais em grande monta, nem conta ele com capital suficiente para investimentos. Em meio à competição de preços, uma grande empresa teria meios, então, para se tornar muito mais competitiva, restando ao trabalhador/pequeno empresário (alfaiate, sapateiro etc.), dono de seus meios de produção, sua transformação em trabalhador/funcionário dela. Essa concepção é um dos aspectos centrais dos trabalhos de Marx e Engels, especialmente na obra "O Capital".

No meio urbano, primeiramente na Europa, depois nos Estados Unidos e mais tarde praticamente no mundo inteiro, essa transformação de fato ocorreu – e em grande escala. Dificilmente se encontram, hoje em dia, alfaiates, sapateiros ou marceneiros oferecendo seus serviços para vestir, calçar ou produzir móveis. Esses serviços são em geral realizados em grandes fábricas, por trabalhadores sem capital ou terra, gerando produtos comercializados em grandes lojas.

Entretanto, no meio rural, especialmente em países tropicais, essa tendência não é tão fácil de verificar junto aos trabalhadores que vivem em regime de economia familiar. Talvez isso aconteça, ao menos em parte, justamente em função da diferença da capacidade de produzir algo, entre o trabalho em um processo produtivo industrial e o trabalho na agricultura.[84] Para produzir um calçado, por exemplo, é necessário couro, borracha e outros itens. Junto a ferramentas e máquinas, esses itens fazem parte dos recursos naturais e do capital financeiro desse processo produtivo. O trabalho consiste em processar as matérias-primas, transformando-as em calçado, e essa transformação depende diretamente da atuação do trabalhador. Se enterrarmos o couro e a borracha e esperarmos chover, não brotará um pé de calçados.

Na agricultura, entretanto, é diferente. Por mais que o trabalho de um agricultor seja intenso, o processo produtivo conta, invariavelmente, com a colaboração de forças da natureza. Para se cultivar mandioca, por exemplo, é necessário preparar o solo, plantar manivas e por vezes capinar outras plantas, entre outras atividades, o que gera bastante trabalho e a posse ou uso de alguma área de terra. Meses depois, entretanto, cada maniva "se transforma" em alguns quilos de mandioca, que pode ser consumida ou comercializada. A fotossíntese, a chuva, a matéria orgânica e a microvida do solo, entre outros fatores, "operam" sobre alguns gramas de maniva, "transformando-a" em quilos de alimento. O agricultor, mesmo com pouca área e quase só contando com sua força de trabalho como fator econômico, passa a ter algum capital financeiro, a partir da produção de alimentos. Além disso, os alimentos servem tanto para a comercialização (gerando liquidez de capital para custear ou ampliar o processo produtivo ou outros itens da propriedade) quanto para autoconsumo, garantindo a segurança alimentar e a reprodução familiar. Afinal, entre todos os tipos de produtos, os alimentos são em última análise os mais essenciais para a sobrevivência.[84]

Nos sistemas produtivos que se relacionam mais diretamente com a dinâmica dos processos naturais – típicos das "agriculturas invisíveis" –, a busca de cooperação dos processos ecológicos para a otimização da produção envolve, também, a cooperação no trabalho, via integração ao metabolismo da natureza (conforme veremos na segunda parte do livro).

Agriculturas alternativas

Assim como colocado anteriormente, as comunidades humanas desenvolveram – e continuam desenvolvendo – múltiplas formas de produção de alimentos, resultantes de diferentes combinações de domesticação de espécies e de paisagens e nas quais a parceria com os processos naturais pode ser identificada. Apesar da invisibilidade, do pensamento colonial e do esforço de políticas econômicas para a efetivação da "Revolução Verde", esses sistemas continuam existindo, em meio à resiliência e resistência da natureza e da agricultura camponesa.

Além das múltiplas formas de se produzir alimentos, há também formas diferentes da convencional de se fazer a própria agricultura como a costumamos chamar. Estas formas diferentes foram desenvolvidas a partir da busca para tornar a agricultura melhor, do ponto de vista ambiental, cultural, econômico e social. Sua base fundamental é também a aproximação dos processos e ciclos naturais aos sistemas de produção, resultando em várias linhas do que veio a ser chamado de "agricultura alternativa".

Já nas primeiras décadas do século XX, o impacto da adubação nitrogenada e do uso de sementes híbridas sobre a saúde do solo e das pessoas pelas práticas agrícolas convencionais foi percebido por diferentes grupos de agricultores e pesquisadores, em especial na Europa e na Ásia. Ao longo do tempo e a partir de diferentes contextos, surgiram então conceitos e práticas agrícolas alternativas à agricultura convencional, no sentido de criar modelos agrícolas menos impactantes.

A agricultura biodinâmica,[37,85] por exemplo, foi proposta em 1924, na Alemanha, pelo filósofo e agricultor Rudolf Steiner, com colaboração de agricultores e pesquisadores europeus. Naquela época, já eram visíveis os efeitos de redução da vitalidade e de surgimento de doenças em animais e plantas cultivadas pela agricultura de base química. A agricultura biodinâmica propõe, então, o desenvolvimento de uma forma de produzir alimentos que tem como princípio que a saúde do solo, das plantas e dos animais dependem de sua conexão com as forças de origem da natureza. E, para restabelecer o elo entre as formas de matéria e de energia presentes no ambiente natural, ela propõe que é preciso considerar a propriedade agrícola como um organismo, um ser indivisível. É preciso, também, considerar o homem como parte desse organismo, direcionando suas práticas agrícolas a partir de sua relação interna com o "organismo fazenda".

Com o desenvolvimento da agricultura biodinâmica, foram sendo aprimoradas técnicas relacionadas ao desenvolvimento da vida do solo e quanto à estruturação da propriedade agrícola em geral, considerando a recuperação, adaptação e melhoramento de diversas técnicas agrícolas tradicionais.

Praticamente no mesmo período em que a agricultura biodinâmica nascia na Europa, surgia a agricultura natural, no Japão.[37] Em um primeiro momento (no início da década de 30), seus fundamentos foram propostos por Mokiti Okada, visando fazer frente ao emprego excessivo de agroquímicos no solo e a seus efeitos, que já se percebiam também naquele país.

Alguns anos depois, também no Japão, Masanobu Fukuoka começou a plantar arroz de uma maneira bem diferente da convencional, aplicando técnicas como a semeadura direta, o plantio consorciado com trigo e outras espécies, a cobertura com palha, a semeadura em bolas de barro, entre outras. A elevada produtividade de seus cultivos e a busca do conhecimento de relações e ciclos vitais para o desenvolvimento de práticas agrícolas chamou atenção de agricultores e estudantes de várias regiões, que levaram a agricultura natural de Fukuoka a diversas partes do mundo. Seu livro *The one-straw revolution* (A revolução de uma palha) foi fundamental nesse processo de difusão.[30]

A agricultura natural tem como princípios resgatar a pureza do solo e dos alimentos, preservar a diversidade e o equilíbrio biológico e contribuir para a elevação da qualidade da vida humana. Na prática, o método privilegia a força do solo, visando manifestar seu poder de vitalidade, capacidade, propriedade e funcionalidade e, como consequência, gerar colheitas fartas e sadias. Busca-se fortificar a energia natural do solo utilizando os insumos disponíveis no local de produção, aproximando o processo produtivo das condições originais do ecossistema. A agricultura natural não emprega produtos químicos ou esterco animal, fazendo uso de compostos vegetais e de microrganismos que visam potencializar a reciclagem dos nutrientes para a saúde do solo e o desenvolvimento das plantas.

A origem da agricultura biológica,[12,37] por sua vez, é mais recente que a da agricultura biodinâmica e da agricultura natural. O termo passa a ser utilizado na década de 60, época em que o uso de adubos químicos e agrotóxicos nas práticas agrícolas já estava muito mais intenso do que na década de 30. Outra diferença é em relação à abordagem: enquanto Rudolf Steiner, Mokiti Okada e Masanobu Fukuoka traziam da filosofia, da integração com a natureza e da prática agrícola as bases da agricultura biodinâmica e da agricultura natural, a agricultura biológica nasce das atividades acadêmicas de investigação científica, realizadas principalmente por pesquisadores franceses. É importante notar que a evolução das ciências da genética, da bioquímica e da fisiologia vegetal, nessa época, já permitia uma série de inferências técnico-científicas, impossíveis de serem feitas décadas antes.

Nesse sentido, merece destaque a obra de Claude Aubert, que publicou *L'Agriculture Biologique* (A agricultura biológica), destacando a relação entre a saúde do solo, a saúde das plantas e, consequentemente, a saúde humana. Francis Chaboussou, em 1968, após vários experimentos em fisiologia vegetal, publica o livro *Les plantes malades des pesticides*, traduzido para o português como "Plantas doentes pelo uso de agrotóxicos: a teoria da trofobiose".[12] Como resultado de seus experimentos, Chaboussou demonstra de que maneira plantas em equilíbrio nutricional e hídrico tornam-se resistentes ao ataque de pragas e doenças, bem como a forma pela qual a fisiologia vegetal é afetada pela redução ou excesso de nutrientes e pela aplicação de agrotóxicos. A agricultura biológica marca a orientação e amplificação da abordagem técnico-científica de efeitos da agricultura convencional e da importância de práticas agrícolas alternativas para a produção saudável de alimentos.

De todas as linhas alternativas de agricultura, o termo "agricultura orgânica" é sem dúvida o mais utilizado.

A agricultura orgânica[18,37,56] tem sua origem em trabalhos do pesquisador inglês Albert Howard e seus auxiliares, já na década de 20 do século passado. A partir de experimentos realizados em uma estação experimental agrícola na Índia, Howard buscou demonstrar a relação da saúde e da resistência humana às doenças com a estruturação orgânica do solo. Ele publicou obras relevantes entre 1935 e 1940 e, por isso, é considerado o fundador da agricultura orgânica. Na década de 40, seu método de produção e pesquisa foram aplicados e aperfeiçoados pela pesquisadora inglesa Eve Balfour, que transformou sua fazenda em Suffolk, na Inglaterra, em estação experimental. A pesquisadora publicou *The Living Soil* (O solo vivo), em 1943. Em 1946, Balfour fundou a *Soil Association*, a partir da qual foram realizadas várias experimentações e publicações comparando a qualidade do solo e a produção agrícola em parcelas com adubações orgânicas, sintéticas e mistas. No continente americano, o movimento orgânico ganhou grande impulso a partir do trabalho de Jerome Irving Rodale que, ao final da década de 40, passa a organizar a revista *Organic Gardening and Farm* (OG&F), difundindo práticas e resultados da agricultura orgânica.

Assim como a agricultura biológica, a orgânica tem origem a partir da experimentação científica, se constituindo em um processo contínuo de pesquisas e publicações, que orientaram vários sistemas de produção. Ao longo dessas atividades, foram testadas e geradas técnicas que também vieram da agricultura natural, biológica e biodinâmica.

Seja por sua origem acadêmica, pelo tempo de sua criação, pela amplitude de sua difusão ou pela condição de agregação de experimentações de práticas de diferentes origens, passou-se a considerar como orgânica toda forma de agricultura que não utiliza adubos químicos sintéticos e agrotóxicos em sua prática, muito embora suas definições agreguem aspectos ecológicos, sociais e de sustentabilidade econômica.

As linhas de agricultura alternativa brevemente apresentadas acima são focadas, essencialmente, em potencializar a relação humana com a natureza na produção de alimentos. A permacultura, por sua vez, tem uma abordagem distinta, enfocando aspectos de paisagem, uso de energia e integração humana, nos quais a produção de alimentos também se insere.[53] Em termos amplos, a permacultura pode ser definida como a busca de paisagens conscientemente desenhadas que reproduzam padrões e relações encontradas na natureza e que, ao mesmo tempo, produzam alimentos, fibras e energia em abundância e suficientes para prover as necessidades locais; foca também nas pessoas, suas construções e na forma como se organizam como aspectos centrais.

A proposição da permacultura ocorre na década de 70, a partir dos trabalhos de Bruce Charles (Bill) Mollison e David Holmgren, na Austrália. Suas bases foram descritas nos livros "Permacultura Um" (1978) e "Permacultura Dois – design prático para cidades e para o campo em agricultura permanente" (1979). A permacultura é definida por Mollison e Holmgren como um método holístico para planejar, atualizar e manter sistemas de escala humana ambientalmente sustentáveis, socialmente justos e financeiramente viáveis. Assim, não se trata de uma proposição alternativa de agricultura, mas da agricultura inserida em um design econômico, cultural e ecológico de organização social.

Agroecologia: muito além da técnica

A agroecologia surge a partir do final da década de 70, na perspectiva da integração da produção familiar camponesa com o movimento ambientalista e social, em especial na América Latina. Tem um enfoque científico, que visa apoiar a transição dos modelos de desenvolvimento rural e de agricultura convencionais para sistemas de agricultura sustentáveis. A concepção central da agroecologia é a de que os cultivos agrícolas são ecossistemas nos quais os processos ecológicos encontrados em ambientes naturais, como ciclagem de nutrientes, interações ecológicas e sucessão florestal também ocorrem. A agroecologia, enquanto ciência, busca entender e aplicar processos ecológicos nos cultivos, sendo seu objetivo compreender sua forma, função e dinâmica.[2,32]

Porém, ela vai mais além: busca entender e integrar também as dimensões sociais em que os ecossistemas agrícolas se inserem, agregando não somente a produção, mas os fatores sociais, econômicos e culturais como parte dos agroecossistemas. Assim, na agroecologia é tema central a transição agroecológica, compreendida como um processo gradual das formas de manejo dos agroecossistemas para estilos de agriculturas que incorporem princípios e práticas de base ecológica (sejam elas de origem orgânica, natural, biológica etc.), com contribuições que transcendam aspectos tecnológicos da produção, incorporando dimensões econômicas, sociais, ambientais, culturais, políticas e éticas da sustentabilidade.

Um aspecto fundamental da diferença entre a agroecologia e outras linhas de agricultura alternativa é justamente essa abordagem multidimensional. Nesta multidimensionalidade, envolve também pautas de luta na igualdade de gênero, reforma agrária, educação do campo, biodiversidade, segurança e soberania alimentar e geração de renda.

Em síntese, mais do que uma forma alternativa de fazer agricultura, a agroecologia é, ao mesmo tempo, a ciência do entendimento dos agroecossistemas e a articulação e organização das múltiplas diversidades que os compõem – inclusive da diversidade étnica, cultural e de gênero dos agricultores, dos consumidores e da sociedade em geral. Nesse caminho, enquanto ciência e movimento, a agroecologia abarca os saberes e práticas também das várias agriculturas discutidas anteriormente, buscando romper com a invisibilidade imposta pelo pensamento colonial.

Agroecologia é um substantivo feminino. Com seu cuidado peculiar, é agregadora das várias linhas e escolas de agricultura alternativa. Como uma grande mãe, tem a segurança alimentar e a autonomia de seus filhos como principal objetivo e se enche de alegria ao ver a família humana reunida ao redor de uma mesa de fartura, produzida em parceria com as forças da natureza.

No caminho da agroecologia, a pesquisa em agroecossistemas e seus manejos têm sido fundamentais, bem como a difusão dos conhecimentos e saberes. Esse trabalho tem sido realizado por muitas pessoas.

No Brasil, o desenvolvimento da agroecologia contou – e conta até hoje – com a inteligência, cuidado e dedicação de Ana Maria Primavesi. A maior parte de seus 99 anos de vida, que se findaram em 2020, foram dedicados à pesquisa e à difusão da ciência do manejo do solo tropical. Como agrônoma e cientista, em um campo predominantemente masculino, Primavesi rompeu barreiras e apontou caminhos para a produtividade agrícola em parceria com a conservação ambiental. Assim, a história da agroecologia se confunde com sua própria história. Seu legado, registrado em centenas de artigos, livros, cursos e palestras, continua apontando caminhos para nossa conexão com a natureza a partir da produção de alimentos.

Sistemas agroflorestais (SAFs) e agricultura sintrópica

Sistemas agroflorestais, agroflorestas ou agrossilvicultura são, em uma definição simples, sistemas de plantio onde se implantam culturas agrícolas e árvores no mesmo espaço. Elementos relacionados aos arranjos espaciais e temporais dessas combinações, à dinâmica ecológica, à gestão de recursos naturais e a dimensões econômicas e sociais fazem parte de várias maneiras da caracterização desses sistemas.[38,52,83,89]

Seja qual for a definição, é possível perceber que as "agriculturas invisíveis" desenvolvidas em ambientes de clima tropical ou subtropical, apresentadas anteriormente, são em última análise sistemas agroflorestais. A partir da década de 70, o resgate e o estudo de práticas produtivas em sistemas agroflorestais têm gerado vários resultados, impulsionados em nível mundial por instituições como o Centro Internacional de Pesquisa Agroflorestal (ICRAF) e o *Centro Agronómico Tropical de Investigación y Enseñanza* (CATIE). Nesse processo, foram propostos termos como sistemas agrossilvipastoris, *alley croping* (cultivo em aleias), sistemas agroflorestais sequenciais, simultâneos, complementares, multiestrata e sucessionais, entre vários outros, no sentido de tentar agrupar os sistemas de acordo com diferentes conjuntos de características.

Na prática, nem sempre há uma diferenciação clara entre um tipo de sistema ou outro, pois todos tendem a ter em comum, em maior ou menor grau, a valorização e o uso de processos ecológicos para otimizar a produção. Esses processos são múltiplos e, consequentemente, geram uma grande diversidade de sistemas produtivos, inseridos em contextos sociais e econômicos próprios.

Nos sistemas agroflorestais, o enfoque central é evitar artificializar as condições para o desenvolvimento das espécies de interesse, potencializando os processos naturais para a otimização da produção, tanto dessas espécies quanto da biodiversidade como um todo. Assim, a prática agroflorestal envolve captar e entender como os processos vitais, os ciclos biogeoquímicos e as relações ecológicas estão acontecendo, identificando como potencializá-los para o aumento de fertilidade, produtividade e biodiversidade naquele espaço.[83] Fazer agrofloresta, portanto, é muito mais do que plantar árvores no meio das lavouras.

Considerando o exposto, fica clara a relação estreita entre os sistemas agroflorestais e a agroecologia. Seja em função da agroecologia agregar "agriculturas invisíveis" – fortemente baseadas em práticas agroflorestais –, seja em função dos SAFs serem talvez os agroecossistemas com expressão mais clara do uso intencional de processos ecológicos para a produção agrícola, agrofloresta e agroecologia são irmãs, caminhando juntas no rumo da sustentabilidade social, ambiental, econômica e cultural da produção de alimentos.

Com base no conceito e na intensa prática de sistemas agroflorestais, Ernst Götsch, agricultor e sem dúvida a maior referência no desenvolvimento e irradiação da agrofloresta no Brasil, desenvolveu o conceito de agricultura sintrópica, como "sistemas de cultivo que buscam imitar na sua dinâmica e funcionalidade os ecossistemas originais de cada lugar". Para Götsch,[33,34]

> os sistemas agroflorestais, conduzidos sob o fundamento agroecológico, transcendem qualquer modelo pronto e sugerem sustentabilidade por partir de conceitos básicos fundamentais, aproveitando os conhecimentos locais e desenhando sistemas adaptados para o potencial natural do lugar.

A partir dessa definição, Ernst propõe que

> uma intervenção é sustentável se o balanço de energia complexificada e de vida é positivo, tanto no subsistema em que essa intervenção foi realizada quanto no sistema inteiro, isto é, no macroorganismo planeta Terra; sustentabilidade mesmo só será alcançada quando tivermos agroecossistemas parecidos na sua forma, estrutura e dinâmica ao ecossistema natural e original do lugar da intervenção.[34]

Com base nesses fundamentos centrais e a partir do desenvolvimento de práticas e sistemas agroflorestais em diversos ecossistemas, a agricultura sintrópica vem sendo cada vez mais vivenciada por agricultores do Brasil e do mundo. Dessa forma, essa maneira de fazer agricultura tem sido incorporada nos saberes e fazeres de milhares de agricultores familiares camponeses que encontraram na agroecologia, já há algum tempo, campo fértil para a integração de seus modos de vida.

No rumo da mudança...

Quando estudamos com um pouco mais de profundidade sobre os vários sistemas de produção de alimentos existentes no mundo e sobre as práticas alternativas à agricultura convencional, é praticamente inacreditável que continuemos a fazer agricultura a partir do esforço incessante pela domesticação completa das espécies e das paisagens.

É contraditório, pouco inteligente e irresponsável usar recursos naturais para produzir máquinas e insumos que visam destruir todas essas forças e tentam produzir monoculturas em ampla escala. O campo, sob esse modelo, deixou já há muito tempo de ter a finalidade principal da produção de alimentos para se transformar no espaço destinado à intensa aplicação de insumos industriais, em um processo altamente lucrativo para uma reduzida oligarquia de grandes empresas transnacionais. O objetivo principal das lavouras é ser o palco do lucro de poucos, ao preço da devastação ambiental, da perda de ambientes, da desterritorialização de culturas tradicionais, do êxodo rural, da insegurança alimentar e da redução da saúde da população.

Por outro lado, existem muitos jeitos diferentes de produzir alimentos, desenvolvidos há muito tempo em várias regiões do planeta, em parceria com a dinâmica florestal. Além disso, já faz um século que o mundo conhece práticas e resultados da agricultura biodinâmica, da agricultura natural e da agricultura orgânica, criando as bases para múltiplas formas e agricultura alternativa e, mais recentemente, para a agroecologia.

E é no observar, no praticar, no estudar, no aprender e ensinar, no manejar, no plantar, no comer e no trocar que a agroecologia abraça uma grande diversidade de seres, humanos ou não, caminhando no rumo de um mundo mais solidário, com maior integração, mais cuidado e mais justiça social. Dessa forma, utilizamos os processos e ciclos da natureza como parceiros do processo produtivo e vamos ficando cada vez mais próximos também de suas forças.

Ao praticarem agricultura em conjunto com a natureza e ao deixarem que ela flua em seus modos de vida, os agricultores e agricultoras têm criado também processos de aprendizado e de ensino – portanto pedagógicos – que podem servir para orientar uma mudança profunda na relação humana com a natureza a partir de sua forma mais básica, fundamental e necessária: a produção de alimentos.

Como parte dessa pedagogia, a observação da natureza a partir de seus padrões dinâmicos e sua aplicação na prática produtiva podem ser aspectos centrais. Já que também somos natureza e, portanto, trazemos tais padrões em nossa fisiologia, cognição e potenciais formas de nos relacionarmos, fazer agricultura em conjunto com as forças naturais pode contribuir na reconexão do que a fratura metabólica começou a quebrar, lá no século XIX.

Aqui, vale resgatar a observação de Marx que já apontamos antes, quando percebeu a fratura metabólica ainda em sua época:

> O modo de produção capitalista reúne a população em grandes centros e faz com que a população urbana alcance uma preponderância cada vez maior, perturbando a interação metabólica entre o homem e a terra (...); dificulta a operação da eterna condição natural para a fertilidade duradoura do solo e, assim, destrói ao mesmo tempo a saúde física do trabalhador urbano e a vida intelectual do trabalhador rural.[49]

Como forma de juntar o que a fratura quebrou, produzir em conjunto com a natureza no campo da agroecologia é uma antítese desse cenário, a partir da resistência e resiliência dos agricultores e agricultoras, que reúnem a população em sistemas solidários, reconectando a interação metabólica entre o homem e a terra, contribuindo ativamente para a eterna condição natural para a fertilidade duradoura do solo e, assim, curam a saúde física do trabalhador urbano e a vida intelectual do trabalhador rural.

No rumo a essa "junção", é importante conhecer sobre a floresta – espaço holístico da expressão da vida e onde a agricultura se insere, formando os agroecossistemas. É importante pensar sobre o mato, sobre as forças e padrões que nele atuam e sobre a potencialidade do uso consciente dessas forças e padrões para a produção de alimentos – e para nossa reconexão.

SEGUNDA PARTE

Falando de mato

Diante de uma casa em demolição,
o menino observa:
– Olha, pai! Estão fazendo um terreno!

Guimarães Rosa

Sistemas vivos... e não apenas mecânicos

"Os seres vivos nascem, crescem, se reproduzem e morrem." Este é o "ciclo da vida", ensinado dessa forma, ainda hoje, em muitas escolas.

Muito embora possamos constatar – e é óbvio – que os seres vivos passam pelos processos de nascimento, crescimento, reprodução e morte, chamar isso de "ciclo da vida" é no mínimo uma apologia ao suicídio, de tão mecânico e sem originalidade que parece ser passar por este mundo.

Na verdade, desde a fase embrionária até a morte de qualquer ser vivo, ele está interagindo com o meio, recebendo e doando informações, sendo influenciado e influenciando o ambiente e os outros seres que ali vivem. Essa influência segue inclusive após sua morte.

Ao longo da vida, qualquer ser vivo, seja ele uma bactéria ou uma baleia, usa e transforma energia, consome alimentos, produz e libera substâncias; se relaciona com outros seres, da mesma e de outras espécies e de múltiplas formas; percebe, sente, aprende, ensina, troca, preda, ama e ajuda, entre tantas outras atividades que variam de espécie para espécie. Enquanto cada ser vive, o ambiente em que se encontra (ou habitat) reflete a dinâmica de todos os seres que ali coabitam. E o habitat, por sua vez, fornece as condições para a vida de cada um de seus "inquilinos".

Essas constatações também são óbvias para qualquer um que passe algumas horas observando um ambiente natural, como uma floresta, por exemplo. Por que então, afinal, continuamos a aprender que o "ciclo da vida" é só uma pequena parte disso tudo?

Enxergando com óculos empoeirados

Para tentar responder a esta pergunta, ainda que de forma genérica, é importante apontar alguns aspectos relacionados a como temos aprendido as coisas, ao menos desde a época conhecida como Renascimento, iniciada no século XV.

Desde então, a ciência passou a prosperar, superando vários obstáculos e trazendo inúmeros benefícios para a sociedade moderna. Sem ciência, não teríamos antibióticos, prédios, automóveis, computadores ou smartphones. Entretanto, para fazer ciência, do jeito que temos feito, temos buscado nos separar um tanto da natureza, sob o pretexto de poder observá-la e, assim, descrever seus fenômenos com maior isenção. O cartesianismo e o positivismo, que até hoje regem em grande parte a ciência, têm essa premissa. E isso tem funcionado bem, quando o objetivo é fazer carros ou aviões. Isso tem servido também para fundamentar a forma hegemônica de fazer agricultura, conforme discutido anteriormente.

Porém, quando nos forçamos a uma separação, em nome de uma descrição mais isenta da natureza, uma parte de nossa capacidade de aprendizado é reduzida. Em nome de estarmos "civilizados", rompemos com parte de nossa condição natural. Uma parte que envolve justamente a necessidade de não estar separado, de não olhar de longe. Uma parte do aprender que depende justamente de estarmos integrados à natureza.[54]

Aprender a partir da integração aos fenômenos naturais é o que todo ser vivo faz – inclusive o ser humano. Humberto Maturana e Francisco Varela, pesquisadores chilenos, estudaram os processos cognitivos na natureza e perceberam que todas as relações dos seres vivos com o ambiente geram informação e aprendizado, direcionando a forma de vida e desencadeando mudanças estruturais de cada ser, de forma associada a suas informações genéticas. No livro "A árvore do conhecimento – as bases biológicas da compreensão humana", Maturana e Varela detalham, de forma didática, como ocorre essa "acoplagem estrutural", na abordagem que ficou conhecida como a Teoria de Santiago.[50]

Entre várias outras maneiras, podemos diferenciar os sistemas vivos dos não-vivos justamente a partir da capacidade diferenciada de resposta ao ambiente, permeada pela capacidade de aprendizado dos organismos que os compõem. Fritjof Capra, no livro "As conexões ocultas – ciência para uma vida sustentável"[9] dá um exemplo dessa forma de diferenciação:

> Se você dá um pontapé numa pedra, ela reage ao pontapé de acordo com uma cadeia linear de causa e efeito. Seu comportamento pode ser calculado por uma simples aplicação das leis básicas da mecânica newtoniana. Se você dá um pontapé num cachorro, a situação é totalmente diferente. Ele reage ao pontapé com mudanças estruturais que dependem da sua própria natureza e de seu padrão (não linear) de organização. Em geral, o comportamento resultante é imprevisível.[9]

Nossa reação ao "pontapé" da ciência civilizatória tem sido em geral assumir suas descrições como completas. Temos empenhado, inclusive, grande esforço para assumir isso desde cedo, retirando dos alunos, nas escolas, a originalidade de suas naturezas e de seus padrões de organização, geradas a partir de seus próprios modos de vida e de relação com o ambiente. Afinal, disso tem dependido nosso estilo de vida hegemônico, no qual civilização, urbanização e separação da natureza são quase sinônimas.

Entretanto, é importante notar que existem efeitos colaterais. Afinal, quando Copérnico apontou seu telescópio para o céu, calculou matematicamente a órbita dos planetas, mas tirou da noite estrelada os sons dos grilos e sapos, o silêncio da rua, a nostalgia das lembranças, o cheiro da terra e o mistério da lua.[10] Rubem Alves, em seu livro "Entre a ciência e a sapiência",[3] ilustra esse reducionismo de forma muito simples, ao comparar a ciência a uma rede de pesca. Feita pelo homem, para capturar peixes no mar, quando utilizada, pode levar ao seguinte resultado: os peixes pescados são todas as criaturas do mar, afinal, compõem tudo aquilo que se conseguiu captar com o método aplicado.

Não se quer aqui negar a ciência, seus métodos e seus benefícios, mas apenas refletir sobre sua forma em geral incompleta – e pouco usual, entre os seres vivos – de aprender fenômenos dos sistemas vivos.

No campo da biologia e da ecologia, em especial, a tentativa de isenção da ciência teima em empoeirar os óculos do cientista. Simplesmente não é possível enxergar todas as relações e processos ecológicos somente com modelos cartesianos. E, quando vemos só parte do que acontece na natureza e com base ainda em uma visão turva, criamos "leis" naturais que nem sempre são tão naturais; e surgem definições incompletas como a do "ciclo da vida", com a qual começamos este capítulo.

Finalmente, ao aprendermos essas definições incompletas como se descrevessem de fato a complexidade dos seres vivos e de suas relações entre si e com o ambiente, nos distanciamos cada vez mais da natureza e de nossa capacidade de aprender com ela – e nela.

Importando leis e gerando modelos...

Nesse caminho de distanciamento, tem sido comum a importação de modelos de análise da física para tentar entender fenômenos ecológicos. Em outras palavras, tem sido mais fácil para nosso cérebro tentar condicionar a vida a relações físicas lineares.

Aprendemos com a física, por exemplo, sobre a entropia. A entropia está relacionada ao aumento gradativo da desordem dos componentes de um sistema, conforme o tempo passa. A energia, ao longo do tempo, também vai sendo transformada e irradiada, de várias formas. Em sistemas puramente mecânicos, não vivos, é fácil perceber isso acontecendo. A difusão da fumaça de um incenso em uma sala a partir de sua combustão é um exemplo simples de um processo entrópico.

O conceito de entropia é a base para a proposição, entre outros pressupostos, dos modelos de pirâmides ecológicas.[58] Entre elas, a pirâmide energética demonstra que a energia contida nos níveis tróficos subsequentes é sempre menor do que no nível anterior. Explicando melhor: em uma área de pastagem, por exemplo, a energia armazenada no pasto pode ser de 10 mil quilocalorias. Se um boi comer todo esse pasto e medirmos a energia nele armazenada, é provável que essa quantidade seja bem menor, talvez em torno de mil quilocalorias. A diferença de energia entre os dois andares dessa pirâmide (ou seja, entre a energia armazenada no pasto e a energia armazenada no boi) foi gasta pelo animal – em forma de energia térmica, mecânica ou sonora – para andar, ruminar, mugir ou manter sua temperatura interna, entre outros processos vitais. Portanto, se esse boi servir de alimento para outro ser, por exemplo um humano, conterá apenas em torno de 10% da energia contida naquela área no nível trófico anterior (no caso, o pasto).

O modelo das pirâmides ecológicas apresenta certa analogia com o modelo das cadeias alimentares. O desenho dessas cadeias nos indica a sequência do consumo de matéria e energia entre diferentes níveis tróficos, e podemos classificar cada nível de acordo com sua posição. No exemplo acima, a cadeia alimentar seria formada pela seguinte sequência de níveis tróficos:

pasto – boi (consumidor primário) – homem (consumidor secundário).

Nessa área de pastagem que estamos usando como exemplo, no entanto, não há somente os seres que listamos até agora. A cadeia alimentar citada está no meio, de fato, de uma teia alimentar – outro modelo da ecologia. O pasto serve de alimento para o boi, mas também eventualmente para capivaras que frequentam a área; filhotes desses animais podem ser comidos por cobras, que podem ser comidas por gaviões; os bois e capivaras podem ser comidos por onças... Enfim, podemos vislumbrar um modelo multilinear de fluxo de energia e matéria ocorrendo nessa área de pastagem. Esse modelo é chamado de teia alimentar, ao longo do qual se supõe que a energia vai sempre se transformando e se dispersando, "entropicamente".

Ou seja, de acordo com o modelo da teia alimentar (assim como os modelos da cadeia alimentar e das pirâmides ecológicas), a quantidade de energia luminosa inicial, usada pelas plantas para produzir sua biomassa por meio da fotossíntese, será sempre muito maior do que a energia contida nos chamados predadores de topo, como as onças e os humanos.

Na prática, a teoria tem sido insuficiente

Muito embora essa pequena aula de ecologia básica possa fazer sentido, o que conseguimos representar com as pirâmides ecológicas, com as cadeias alimentares e com as teias alimentares é apenas uma parte do fluxo de matéria e energia.

É bem provável que, se perguntarmos ao criador dos bois dessa área de pastagem sobre como ele enxerga esse fluxo, ele traga outros elementos à análise. Imaginemos que, com papel e lápis na mão, tentemos desenhar como ele se dá, enquanto o criador nos descreve sua percepção. É possível que ele nos diga, por exemplo, que além da grama da pastagem, outras espécies crescem ali espontaneamente, inclusive arbustos e pequenas árvores, formando pequenas ilhas de florestas e à sombra das quais o gado chega quando fica a ruminar. Pode dizer também que é mais fácil observar mudas de outras árvores crescendo nesses locais do que no meio da pastagem a céu aberto, e isso parece acontecer tanto pela maior adubação do esterco dos bois quanto por causa das sementes trazidas pelos pássaros, que se empoleiram por ali no final da tarde. Que parte desses pássaros comem carrapatos durante o dia, nas costas dos bois, ajudando os animais a se livrarem desses parasitas. Que ele até pensa em cortar essas áreas de mato para aumentar a produtividade da pastagem, mas sabe que, além dos bois ficarem mais confortáveis para ruminar na sombra, o mato chama a chuva e, sem água, ninguém vive, nem a pastagem. Que na trilha dos bois para o banhado onde bebem água, seu pisoteio faz com que o solo fique mais duro, sendo difícil alguma planta crescer ali, muito embora sejam comuns os formigueiros, cujas formigas muitas vezes consomem plantas inteiras, mas não todas. Que existem plantas que o gado parece gostar mais do que de outras, e que quando várias plantas da pastagem florescem chegam muitas abelhas, inclusive aquelas que vivem no seu apiário, ajudando assim a gerar renda e tendo permitido que ele construísse bebedouros para o gado nas áreas de mato, reduzindo a compactação na trilha para o banhado...

Bem, é possível ouvir muito mais, mas, a essa altura, você conseguiria realmente desenhar em esquemas lineares o fluxo de energia e matéria com base nos modelos de pirâmides ecológicas, cadeias ou teias alimentares? Essa é uma tarefa bem difícil e uma das causas dessa dificuldade está justamente no fato de que a predação e consumo, entre um nível trófico e outro, é apenas uma – e nem é a mais frequente – das relações ecológicas estabelecidas em qualquer ambiente natural. Mutualismo, simbiose, parasitismo, comensalismo, epibiose e tantas outras relações, em que a cooperação é o elemento central, estão acontecendo ao mesmo tempo, direcionando o fluxo de energia e matéria de maneira bem difícil de representar. Entretanto, não são usuais na ciência modelos de cadeias ou teias de cooperação, mas sim as "cadeias alimentares", que na verdade indicam "cadeias de predação".

Além disso, nenhum dos seres indicados na suposta descrição do criador apareceu na paisagem por acaso, mas sim a partir da existência e posicionamento de outros seres e de sua influência sobre o meio. Ou seja, ao passar a viver por ali, temporariamente ou ao longo de toda sua vida, cada organismo estabelece relações com outros seres e com o ambiente, contribuindo para sua conformação. E nela, os ciclos dos elementos químicos (biogeoquímicos) também vão sendo modificados e influenciam o habitat de todos que ali vivem.

Apenas para citar um exemplo, o carbono da atmosfera está sendo fixado em altas taxas na pastagem (e também em outras espécies de vegetais ali presentes); está sendo concentrado e disposto no solo a partir do esterco do gado e de outros animais, bem como recolocado na atmosfera a partir da respiração das plantas, dos pássaros, das abelhas e dos bois. Estes últimos, em especial, também aportam grandes quantidades do elemento a partir da liberação de gases intestinais. Os ciclos do nitrogênio, do oxigênio, do fósforo e de tantos outros elementos estão também sendo influenciados pela dinâmica da comunidade ali estabelecida, e influenciando, ao mesmo tempo, sua permanência.

Faço parte, logo existo

Sigamos refletindo sobre a pastagem descrita acima, para discutir um pouco mais sobre as características dos organismos vivos, como operadores do fluxo de energia. Árvores, arbustos, formigas, abelhas, carrapatos e pássaros fazem parte da lista de espécies que existem na pastagem, de acordo com o criador de bois de nosso exemplo. Cada uma delas possui formas e características diferentes, que constituem sua identidade: afinal, sabemos que uma formiga é uma formiga e um boi é um boi basicamente em função da forma e das características de seus corpos. E, dentro de cada espécie, há ainda características diferentes em cada indivíduo.

A identidade de cada indivíduo de uma espécie é chamada de fenótipo, que é condicionado em grande parte por sua base genética. É ela que direciona a diferenciação e o funcionamento de cada ser vivo. Na escola, aprendemos que o fenótipo depende dessa forma do genótipo. O genótipo é a maneira em que os genes estão dispostos no código genético. De acordo com a diferença na sequência de genes, fenótipos diferentes serão formados.

Mesmo entre organismos de uma única espécie, observamos variações no fenótipo de cada indivíduo: entre as abelhas, por exemplo, há as operárias, os zangões e a rainha; entre os bois, existem bois malhados, negros, brancos; entre nós, seres humanos, há pessoas com diferentes fenótipos de cor de olhos (castanho, azul ou verde), de cor de pele, de altura etc. Seja como for, fenótipos diferentes são a expressão de genótipos diferentes.

Geralmente, logo após aprendermos isso, nas aulas de genética, o(a) professor(a) nos explica que apesar do fenótipo ser determinado pelo genótipo, pode acontecer de organismos com o mesmo genótipo terem fenótipos diferentes, por causa de influências do ambiente. Por exemplo, irmãos gêmeos idênticos que vivam em ambientes muito distintos – um no deserto do Saara e outro nos Alpes– podem desenvolver tonalidades diferentes na cor da pele ou variações próprias na pressão sanguínea, para que se adaptem melhor aos ambientes em que vivem.

Então, aprendemos a fórmula: *Fenótipo = Genótipo + Ambiente.* E, em geral, acaba por aí o que se ensina, nas aulas de genética, sobre a influência ambiental na formação dos fenótipos. Somos logo apresentados às leis de Mendel, à herança, à dominância e a outros temas, sempre relacionados ao fenótipo como consequência exclusiva de sua ancestralidade. Em tese, a influência do ambiente no fenótipo deve ser estudada no campo da ecologia. Infelizmente, em geral não são feitas, nas escolas, maiores conexões entre estes dois campos da biologia (genética e ecologia).

A influência ambiental nas características de cada organismo é, entretanto, muito fácil de ser percebida, a começar pela relação entre a própria identidade de cada espécie com o meio em que vive. Uma formiga é uma formiga e um boi é um boi porque, evolutivamente, cada uma dessas espécies seguiu caminhos diferentes, adaptando gradativamente seus genótipos aos meios e relações que se estabeleceram.

Mas podemos perceber também a influência ambiental no fenótipo ocorrendo a cada momento da vida de cada espécie. O que faz, por exemplo, os bois preferirem ruminar à sombra? É claro que podemos responder simplesmente que é mais confortável estar sob a sombra que sob o sol. Afinal, para nós também é assim. Mas por que é mais confortável? Entre outros fatores, porque se os bois ficarem ruminando sob o sol, o calor gerado pela energia luminosa na superfície de sua pele será maior do que na sombra. Para manter sua temperatura interna adequada, caso esse calor seja grande, o boi precisará perder água, o que faz principalmente ao babar. Quando baba, o boi perde água, que poderia ser usada para a ruminação; se rumina menos, aproveita menos o alimento que comeu. Assim, o ambiente "ensina" ao boi onde é o melhor lugar para ruminar, para que ele viva melhor e possa, inclusive, colaborar com a evolução de sua espécie ao longo do tempo, através de processos reprodutivos.

O que faz as formigas construírem os formigueiros mais próximos à trilha compactada pelos bois? Entre outros fatores, porque as plantas que crescem em solo compactado tendem a não apresentar nutrição adequada, por não conseguirem fornecimento suficiente de água e oxigênio nas raízes. Os fungos que transformam as folhas levadas ao formigueiro em alimento para as formigas só conseguem fazer isso a partir de plantas com desequilíbrios nutricionais, mais comuns em solos compactados. Isso é explicado a partir da teoria da trofobiose, desenvolvida no âmbito da agricultura biológica.[12]

O solo compactado na trilha dos bois não é o mais adequado para o fornecimento de nutrientes e água às plantas, o que as torna mais suscetíveis à ação das formigas. Assim, o ambiente ensina às formigas os melhores lugares para a construção dos formigueiros, evitando que elas tenham que caminhar muito para obter plantas em desequilíbrio nutricional.

Podemos seguir refletindo sobre como o ambiente ensina às abelhas, aos carrapatos, aos pássaros, às árvores e a todas as outras espécies que convivem naquela pastagem. O fato é que, de acordo com

Falando um pouco sobre a trofobiose...

Para entender a relação entre a nutrição das plantas e sua resistência ou suscetibilidade a fungos e insetos, é importante entender um pouco sobre a produção de proteínas e sua quebra em aminoácidos.As proteínas são substâncias fundamentais para a estrutura e funcionamento de todos os seres vivos. Toda proteína é formada por um conjunto de centenas a milhares de aminoácidos e é justamente a composição e a sequência dos aminoácidos que difere uma proteína da outra. Para sintetizar suas proteínas, cada organismo, a partir de seus códigos genéticos, organiza os aminoácidos de forma diferente. E, como matéria-prima, obviamente, são necessários aminoácidos, que chegam às células a partir dos alimentos. Organismos mais complexos (como aves e mamíferos) conseguem "quebrar" proteínas em seus processos digestivos, deixando os aminoácidos livres para a construção de novas proteínas em suas células. Fungos e insetos, em geral, não conseguem fazer essa "quebra" de forma eficiente: precisam consumir alimentos em que os aminoácidos já estejam livres, e não em forma de proteínas. Francis Chaboussou, um dos pesquisadores da agricultura biológica, demonstrou que plantas em equilíbrio nutricional apresentam menores quantidades de aminoácidos livres, enquanto plantas em desequilíbrio nutricional ou em estresse hídrico apresentam uma grande quantidade de aminoácidos livres em suas células e na seiva. É o que ocorre, por exemplo, com plantas em solos compactados, como os do nosso exemplo. É o que ocorre também com plantas com aplicação de adubações sintéticas solúveis em grande quantidade e/ou contaminadas por agrotóxicos.Se fungos ou insetos se estabelecem sobre plantas nessa condição, encontram ali disponibilidade de aminoácidos, o que possibilita seu crescimento e reprodução. Se, ao contrário, procuram se alimentar de plantas com equilíbrio nutricional, não há disponibilização de aminoácidos para sua nutrição; nesses casos, não conseguem se estabelecer e não se transformam em pragas ou doenças. Plantas em equilíbrio nutricional, portanto, não necessitam de aplicação de agrotóxicos.

características diferentes do ambiente, reações bioquímicas diferentes são geradas nos organismos e, de acordo com essas reações, que variam em natureza e complexidade em cada espécie, o organismo estabelece seu comportamento.

Esse aprendizado foi chamado por Maturana e Varela[50] de acoplagem estrutural, como já apontado anteriormente. Resumidamente, o conceito de acoplagem estrutural está relacionado à adaptação na estrutura e comportamento dos organismos como resposta a estímulos ambientais. Essa resposta é aprendida, bioquimicamente, e registrada pelo organismo, direcionando seu comportamento. Ou seja, existe um processo de cognição, de registro e de aprendizagem em cada ser vivo, que é fundamental para seu posicionamento no ambiente.

Em outras palavras, uma vez aprendido que é melhor ruminar à sombra, o boi não fica procurando e testando ambientes diferentes para ruminar a cada dia. Ele já aprendeu o melhor caminho e segue nele, até que novos aprendizados possam ocorrer. Vários experimentos em animais e em plantas vêm demonstrando que todos os organismos têm capacidade cognitiva, de aprendizado. Pensar que só o ser humano tem cognição é, talvez, o cúmulo da falta de percepção humana sobre a natureza, uma contradição extrema originada de seu pretenso isolamento da condição natural.

Voltando à acoplagem estrutural: é importante notar que ela se dá em especial a partir das trocas bioquímicas entre os limites do organismo e o ambiente. Microscopicamente, esses limites são suas membranas celulares, em qualquer órgão ou tecido do corpo. Cada célula apresenta seu limite com o meio exterior a partir das membranas celulares. De acordo com a natureza e a concentração de substâncias, a temperatura e outras condições do meio exterior, as membranas selecionam reações, permitem ou não a entrada ou saída de íons ou moléculas na célula, reduzem ou aumentam sua concentração de água etc. Dessa forma, influenciam o ambiente interno da célula, promovendo seu funcionamento de forma adequada. Assim, as membranas limitam de fato o conteúdo das células, mas fazem muito mais que isso: são fundamentais, antes de tudo, para a acoplagem estrutural dos organismos dos quais fazem parte.[8,9,50]

Nesse processo de facilitação da acoplagem, as próprias membranas também se modificam em sua estrutura, em constante dinâmica de renovação. Essa modificação é orientada pelo código genético e mediada, ao mesmo tempo, pelas características do meio exterior. A renovação constante das membranas ocorre não só na membrana celular, mas em todas as membranas das organelas que vivem dentro das células: mitocôndrias, cloroplastos, lisossomos, ribossomos e o próprio núcleo da célula são limitados por membranas próprias, cada qual fazendo acoplagem estrutural com o conteúdo celular. A renovação constante das estruturas que dão forma e limite aos organismos, a partir de suas membranas, é chamada de autopoiese.[8,9,50]

Portanto, o fenótipo de um indivíduo que está vivendo em um ambiente é, sem dúvida, produto da expressão de seu genótipo, mas também é produto da interação de seu genótipo com o ambiente, envolvendo os mecanismos de autopoiese e acoplagem estrutural.

Agregando alguns conceitos

Resumidamente, o que caracteriza os seres vivos é o fato de apresentarem código genético próprio (genótipo) atuante, limites em constante renovação (autopoiese) e acoplagem estrutural como objeto e resultado, ao mesmo tempo, de sua expressão de vida. É dessa forma que o genótipo e o ambiente formam, em conjunto, não só o fenótipo de cada organismo, mas seu aprendizado e orientação de comportamento.

A partir da combinação dinâmica entre genótipo/fenótipo e aprendizado/ orientação, alguns indivíduos ou populações de determinada espécie tendem a viver melhor e gerar mais ciclos reprodutivos. Assim, ao longo do tempo, as características genéticas mais favoráveis para a adaptação de cada espécie ao ambiente vão sendo fixadas no genótipo de seus indivíduos. E mais: se, por exemplo, duas populações diferentes da mesma espécie se estabelecerem em ambientes distintos, é provável que, ao longo do tempo, apresentem adaptações diferentes. Caso haja fluxo gênico entre essas populações, a diversidade genética da espécie vai sendo mantida e ampliada. Se por algum motivo essas populações não estabelecerem contato uma com a outra, em longo prazo é possível que duas espécies diferentes sejam geradas, em função das adaptações específicas que cada população desenvolveu. É dessa forma que existe uma estreita relação entre diversidade de ambientes, diversidade genética e diversidade de espécies, ao longo do processo evolutivo.[21,31,59]

A relação entre existir, se relacionar e aprender é comum a todos os seres vivos. Ou seja, ao existir, cada ser vivo está se relacionando e aprendendo, de muitas formas. E, dessa forma, criam condições para a existência, relacionamento e aprendizado de vários outros seres.

Quando uma árvore se estabelece na pastagem de nosso exemplo, suas raízes abrem caminho para a água e para o ar no solo. Com água e oxigênio, bactérias, fungos e pequenos organismos como colêmbolos, minhocas e aranhas conseguem se estabelecer, criando várias conexões entre eles e contribuindo, entre outras coisas, para o incremento de matéria orgânica no solo e para a facilitação de condições de germinação de sementes de outras plantas. Nos pelos de suas raízes, a planta pode criar relações com micorrizas (espécies de fungos), que se aproveitam de sua seiva e, em troca, ampliam em muito a capacidade de absorção de água e nutrientes da planta. Ao produzir galhos e folhas, a árvore cria uma relação com os bois e outros animais, servindo de abrigo e sombra. Ao produzir flores e frutos, fornece alimento para abelhas e pássaros, que levam consigo seu pólen e suas sementes, contribuindo para a dispersão daquela espécie. Quando suas folhas caem no solo, trazem nutrientes absorvidos de profundidades maiores para a superfície, facilitando o crescimento de várias outras plantas.

Cada um dos organismos que estabelece relações com essa árvore apresenta, por sua vez, um grande conjunto de relações com outros organismos, em processos próprios de acoplagem estrutural.[83]

A identidade de cada indivíduo, portanto, é condicionada e condiciona, ao mesmo tempo, suas relações e seus processos de acoplagem estrutural. Fazer parte dessa rede de relações e acoplagens é, sem dúvida, uma condição fundamental para a existência – e para a originalidade – de qualquer ser vivo.

Sobre energia, entropia e fliperamas

É muito provável que quase todos já tenham brincado com um jogo eletrônico um tanto antigo chamado *pinball*, que até hoje é instalado em lanchonetes e “fliperamas”. Para quem não conhece, vai aqui uma breve descrição: trata-se de uma caixa coberta de vidro, inclinada. No canto direito da parte de baixo, há uma mola. O jogador aciona essa mola sobre uma pequena bola de metal, que é direcionada por um trilho até a parte de cima da caixa. De lá, a bola vai descendo, seguindo a inclinação da caixa. Ao longo desse trajeto, existem vários obstáculos com sensores eletrônicos. Quando a bola atinge esses sensores, eles se iluminam e somam pontos para o jogador. A bola segue descendo, motivada pela gravidade da inclinação da caixa. Em sua base, há um orifício central, pelo qual, se a bola passar, acaba o jogo. Há também duas hastes, à esquerda e à direita do orifício, acionadas por botões pelas mãos do jogador. Quando a bola chega nessas hastes, cabe ao jogador redirecioná-la para cima, fazendo-a colidir novamente com os sensores eletrônicos dos obstáculos. A arte está em combinar a força e o momento certo de impulso da bola e ao mesmo tempo evitar que ela passe pelo orifício. Um iniciante pode perder a bola em alguns segundos, enquanto um jogador experiente pode ficar muito tempo com a bola em jogo, batendo recordes crescentes de pontos e conquistando o bônus de novas bolas para jogar.

Por incrível que possa parecer, o *pinball* é bastante ilustrativo para pensarmos sobre o fluxo da energia no ambiente. Anteriormente, vimos que a ciência ecológica tem importado conceitos da física, sobre os quais produz modelos de fluxos de energia, tais como as pirâmides ecológicas, as cadeias e as teias alimentares. Os modelos citados têm como base, em parte, a dimensão da entropia, cujo efeito é a redução da energia contida em cada nível trófico. De acordo com esses modelos, portanto, uma dada quantidade (*quantum*) de energia luminosa, em uma determinada área, vai sendo transformada em energia química, sonora, térmica e cinética pelos organismos, dispersando-a à medida em que passa pelos níveis tróficos. Como discutimos, esses modelos de fato indicam características do fluxo de energia no ambiente. Porém, são insuficientes para retratar a complexidade deste fluxo, considerando todas as interações que existem ali.

Essa complexidade, afinal, é tanto maior quanto for o número de indivíduos, espécies, relações e acoplagens estruturais em determinado ambiente. Tomemos como exemplo uma área que foi desmatada e arada para o plantio de grãos. Privada totalmente de plantas e animais de maior porte, a energia luminosa proveniente do sol está, neste momento, sendo utilizada biologicamente apenas por algas fotossintetizantes presentes no solo, as quais podem se constituir em produtoras de teias alimentares e contribuir para acoplagens estruturais junto a organismos que ali permaneceram após o desmatamento, tais como fungos, insetos e minhocas. A maioria da energia proveniente do sol, entretanto, está sendo transformada em calor na superfície do solo, o qual é dispersado na atmosfera, entropicamente.

Imaginemos ainda que, após a aração, sejam aplicados herbicidas para eliminar plantas espontâneas, os quais também reduzem as populações dos organismos que atuam, em suas acoplagens estruturais, para a estruturação do solo. Imaginemos ainda que uma chuva torrencial atinge este solo exposto, criando sulcos de erosão que, somados à compactação subsuperficial criada pelo trator que passou o arado, reduzem a capacidade de aeração e de infiltração de água.

Agora, a energia luminosa proveniente do sol está praticamente toda sendo transformada em calor. Fazendo uma analogia com o jogo do *pinball*, é como se a bola tivesse sido arremessada e não atingisse nenhum sensor, caindo direto no orifício na base da caixa.

Imaginemos, agora, uma clareira que foi aberta em uma floresta madura, por causa da queda de grandes árvores. O solo não foi revolvido e nem envenenado. Assim como na área desmatada, ao atingir sua superfície, parte da energia luminosa é transformada em calor, que diferentemente da área arada e na qual foi aplicado herbicida, no entanto, quebra a dormência de sementes de várias espécies, que aguardam justamente essa condição para germinar. Em sua acoplagem estrutural, "sabem" que só conseguiriam se estabelecer como plantas a pleno sol, não sendo adequado germinar em meio à floresta madura. Essas espécies, chamadas de pioneiras, ao germinarem e crescerem passam a armazenar parte da energia luminosa em forma de biomassa.

Outra parte da energia luminosa que chega a essa clareira atingirá plantas que antes estavam à sombra e, agora, recebem o estímulo luminoso para novas brotações. Mais biomassa é formada nesse ambiente, bem como novas acoplagens estruturais são estabelecidas.

Em outras plantas, o estímulo da energia luminosa produz flores, que atraem insetos polinizadores, os quais atraem pássaros que os buscam como alimentos, que trazem outras sementes, que germinam e aumentam a diversidade da floresta. Os frutos que virão dessas flores (cheios de energia luminosa transformada em biomassa muitas vezes doce e suculenta) servirão de alimento a outros animais, que produzirão esterco e incrementarão a matéria orgânica no solo.

Imaginemos que a área desmatada e a clareira sejam do mesmo tamanho, de relevo parecido e próximas uma à outra. A quantidade de energia que chega do sol é a mesma. Porém, na clareira, essa energia é aproveitada por várias espécies e incrementa vários processos de acoplagens estruturais, os quais aumentam cada vez mais a complexidade das relações entre os organismos. Em outras palavras, a acoplagem estrutural da clareira à energia luminosa do sol é muito diferente da acoplagem estrutural da área desmatada, arada e envenenada.

Fazendo a analogia com o jogo de *pinball*, a clareira representa o jogo do jogador experiente e habilidoso. A energia, representada pelo movimento da bola, toca os vários "sensores" da clareira de forma diferenciada, se mantendo no jogo.

Quanto maior a complexidade de organismos e relações em um ambiente, maior a organização da energia, a partir da autopoiese e da acoplagem estrutural de todos os indivíduos ali presentes. Nesse processo de organização, novas estruturas de armazenamento de energia são criadas. Para uma melhor comparação, no jogo de *pinball* da clareira ainda teríamos que imaginar novos sensores sendo criados à medida em que a bola estivesse em jogo!

Imaginemos que pudéssemos medir e comparar, após alguns meses, a quantidade de energia armazenada na área do solo arado e erodido e a quantidade armazenada na área da clareira, que já está se transformando em uma nova floresta. Provavelmente perceberíamos que há muito mais energia acumulada em forma de biomassa na área da clareira e que essa energia está organizada a partir de múltiplas acoplagens estruturais.

Há ainda outro aspecto importante: a energia luminosa do sol é contínua, ao menos enquanto o sol existir (o que ainda vai acontecer por muito tempo). Usando ainda a analogia com o jogo de *pinball*, é como se novas bolas fossem lançadas constantemente no jogo.

Portanto, considerando que a energia luminosa do sol é praticamente infinita, a presença da diversidade de vida e de relações na área da clareira armazena e organiza cada vez mais energia. Quanto mais armazenamento e organização da energia, mais outros organismos encontram nichos para se estabelecer, em novos processos de acoplagens estruturais. Cada vez mais aprendizados e trocas ocorrem, em fluxos energéticos que se retroalimentam gradativamente. É nesse sentido que Ernst Götsch propõe o termo "sintropia" para descrever a organização crescente de energia e de matéria desempenhada pelos sistemas vivos e que pode ser utilizada na produção de alimentos, em contraposição à entropia identificada em sistemas em que a vida não está presente.

É claro que, a cada momento, vários processos entrópicos ocorrem na floresta, sendo responsáveis também pela dissipação da energia: quando um mamífero, por exemplo, "queima" energia para manter sua temperatura interna constante, ou mesmo a cada momento de respiração de qualquer organismo, quando moléculas orgânicas são quebradas, para a utilização da energia que ligava seus átomos; ou quando um organismo morre e sua energia organizada internamente é dissipada, ou ainda em tantas outras situações. A entropia, portanto, não deixa de ocorrer nos sistemas vivos.

Entretanto, onde a vida atua a partir de vários organismos em conjunto – como em uma floresta, por exemplo – a entropia é percebida como parte de um processo mais complexo de organização energética e estrutural. Em outras palavras, a entropia também compõe os sistemas vivos, porém como alavanca para a sintropia. Na prática, cada vez mais complexidade estrutural e relacional é gerada, somando-se à fonte solar da energia, contínua e abundante, com a capacidade de cada ser vivo de cooperar com sua organização.

Acoplagem estrutural no processo de sucessão ecológica[7,15,39,67,83]

Como vimos, ao existir, cada organismo está se acoplando estruturalmente, sendo influenciado pelo ambiente. Ao se acoplar, cada organismo também atua sobre o ambiente, modificando as características do local onde vive. E, ao modificar essas características, influencia a ocorrência (e a acoplagem estrutural) de outros organismos.

Assim, nenhuma acoplagem estrutural fica sem efeito no ambiente em que qualquer organismo vive.

Os efeitos dessas acoplagens, por sua vez, são aproveitados por espécies que, ao longo de seu processo evolutivo, desenvolveram genótipos adaptados justamente àquelas condições. A história de cada ser vivo (evolutiva e da vida atual) determina sua existência ali, naquele momento e daquela forma.

Esse processo é fácil de ser percebido na sucessão de espécies que ocorre em qualquer ambiente.

Para exemplificar, voltemos aqui ao caso da área desmatada, apresentado no item anterior. A área foi desmatada e arada para o plantio de grãos. Imaginemos que, após vários ciclos de plantio – envolvendo sucessivas arações e aplicações de agrotóxicos e adubos químicos solúveis, além da exposição constante do solo ao sol e à chuva – a área tenha sido completamente degradada e a parte mais superficial e fértil do solo tenha sido erodida; sua nova superfície agora está compactada e cheia de sulcos de erosão. Imaginemos que, já não sendo mais possível plantar ali, o agricultor "abandona" a área. Infelizmente, este exemplo é uma situação muito comum.

Entretanto, sem mais esforço para acabar com qualquer acoplagem estrutural que não fosse a da cultura plantada, na busca de domesticação máxima da paisagem, a área "abandonada" passa muito lentamente a permitir a existência da vida, em suas múltiplas formas, em um processo chamado de sucessão ecológica.

No início desse processo, é comum o aparecimento de gramíneas (espécies da família *Poaceae*), em geral de folhas grossas (como é o caso do sapé ou da braquiária, por exemplo). As gramíneas têm algumas adaptações muito importantes para se estabelecerem nessas condições. Possuem, por exemplo, células especiais ao redor das nervuras, formando a chamada bainha do feixe vascular. Por causa delas, é possível ocorrer fotossíntese com menor gasto energético (em uma via metabólica chamada de C4).

Além dessa adaptação estrutural e metabólica, as gramíneas tendem a manter os poros das folhas (estômatos) semiabertos, mesmo em temperaturas mais elevadas. Na maioria das outras plantas, os estômatos tendem a se fechar quando está muito quente, cessando temporariamente as trocas gasosas necessárias à fotossíntese.

As gramíneas também apresentam os tecidos especiais para captar a energia luminosa – chamados de parênquima paliçádico – dos dois lados das folhas, as quais em geral tendem a se estabelecer verticalmente. A arquitetura da maior parte das outras plantas estabelece as folhas com tendência horizontal, captando energia luminosa apenas na parte superior e localizando apenas ali o parênquima paliçádico.

Outra adaptação fundamental das gramíneas para a ocupação de áreas degradadas são suas raízes, em forma de cabeleira (fasciculadas). Com essas raízes, conseguem absorver água e nutrientes que estão próximos da superfície, não dependendo de solos bem permeáveis para seu estabelecimento.

Todas essas adaptações favorecem a produção de biomassa (via fotossíntese) a um custo energético mais baixo, durante mais horas do dia e com maior acesso à água superficial do que a maior parte das outras plantas. Ou seja, por causa das adaptações evolutivas no genótipo das gramíneas, estas se acoplam estruturalmente, com relativa facilidade, ao ambiente de um solo compactado e a pleno sol, produzindo sua biomassa em uma situação que a maior parte das outras plantas não conseguiria reproduzir.

Aos poucos, é possível que a área degradada de nosso exemplo vá sendo totalmente ocupada por uma ou poucas espécies de gramíneas. A capacidade de rápida colonização é outra especialidade dessas espécies, seja a partir da produção constante de estolões (reprodução vegetativa), seja por contar com o vento – comum nas áreas em que ocorrem – para a polinização e a dispersão de suas sementes. A arquitetura das inflorescências das gramíneas lembra grandes antenas de TV, recebendo e liberando pólen. Quando os frutos são formados, a mesma arquitetura libera ao vento suas sementes.

No solo, o emaranhado de raízes e a produção de muitas folhas criam, então, uma rede de proteção. A luz do sol já não chega diretamente à terra, o que reduz as elevadas temperaturas na superfície; as gotas de chuva, antes de tocarem o solo, agora são amortecidas pelas folhas de grama; a erosão, antes comum, agora é barrada pelas raízes, em alta densidade. Dessa forma, a acoplagem estrutural das gramíneas vai criando, naquele solo, melhorias gradativas para o estabelecimento de outros organismos.

Nesse início de processo de recuperação, algumas ervas e arbustos de outras espécies conseguem também se estabelecer, em conjunto ou logo após as gramíneas: é o caso das vassouras, carquejas e vassourões (do gênero *Baccharis*) e de algumas outras espécies da família das asteráceas (como o dente de leão e a macela do campo, por exemplo).

Ao longo do tempo, folhas que caem das espécies que ali se manifestam vão sendo depositadas na superfície do solo. Essas folhas são em geral muito grossas, com alta proporção de carbono. Ao mesmo tempo, ainda não é comum, nas camadas superficiais do solo, a grande variedade de organismos que existe em uma floresta madura. Por causa disso, nessas condições iniciais de regeneração da vida em ambientes como aquele, a degradação das folhas é relativamente lenta. Isso favorece a acumulação de matéria orgânica na superfície e a produção de substâncias que começam a "colar" as partículas do solo, em meio à ação de alguns fungos e bactérias, formando, aos poucos, pequenos grumos ou torrões irregulares.

Os grumos, então, passam a desempenhar um papel fundamental para o aparecimento de outras espécies: acumulam água nos pequenos espaços entre as partículas de solo que os formam (microporos) e criam, entre si, espaços maiores (macroporos), que permitem a passagem de ar e água. Aos poucos, o solo vai sendo descompactado, a partir de sua superfície.

Com maior fornecimento de água e de oxigênio no solo, sementes de outras espécies encontram condições de germinar. É quando começam a surgir algumas árvores na área. Entretanto, esse fornecimento ainda é baixo para a acoplagem estrutural de várias espécies arbóreas. Além disso, ainda há pouca quantidade de nutrientes disponível no solo. As espécies de árvores que conseguem se estabelecer nesse momento são chamadas de pioneiras. Em clima tropical, é o caso do jacatirão, do vassourão, da bracatinga, do sabiá, do juá de pombo, do pau jacaré e da embaúba, entre várias outras.

Por causa de adaptações próprias em sua anatomia e fisiologia, essas árvores crescem rapidamente. No solo, desempenham um papel fundamental para a melhoria de sua estrutura, ao apresentarem raízes grossas e compridas, que vão abrindo caminho não só para elas, mas também para a água e o oxigênio, que agora poderão chegar a regiões mais profundas.

Nos pelos das raízes, começam a se agregar fungos e bactérias, que passam a trabalhar em conjunto com as plantas. Entre as bactérias, podem surgir as fixadoras de nitrogênio, que se acoplam em especial com plantas leguminosas (da família *Fabaceae*), como a bracatinga, o sabiá e o ingá. Entre os fungos, merecem destaque as micorrizas, que se acoplam a uma grande variedade de plantas (inclusive as gramíneas). Tanto as micorrizas quanto as bactérias fixadoras se aproveitam de nutrientes da seiva das plantas e, em troca, favorecem em muito seu crescimento, seja fornecendo nitrogênio que retiram diretamente do ar (no caso das bactérias fixadoras), seja ampliando a capacidade de absorção de água e nutrientes, no caso das micorrizas. Esses fungos podem aumentar em até centenas de vezes a capacidade de absorção da planta, fazendo as raízes chegarem, por assim dizer, aonde elas jamais chegariam sozinhas. Além disso, as micorrizas também produzem substâncias que liberam gradativamente nutrientes da rocha, de partículas do solo ou de substâncias químicas complexas.

Enquanto tudo isso acontece no solo, os troncos, galhos e folhas das árvores pioneiras criam, na paisagem, uma nova característica: agora, há pelo menos dois "andares" (ou estratos) na floresta que começa a se formar: um andar mais alto, formado pela copa das árvores pioneiras, e um andar baixo, formado pelas gramíneas, ervas e arbustos que iniciaram a recuperação da área.

Esse "andar de cima" é muito atrativo para pássaros e morcegos, formando verdadeiros poleiros para estas espécies, que buscam nos galhos proteção e descanso. Mas a atração não é só por isso. Em geral, as espécies de árvores pioneiras produzem uma imensa quantidade de flores e são frequentemente adaptadas para serem polinizadas por insetos. Assim, uma florada no "andar de cima" cria uma nova situação para a floresta em formação: uma infinidade de insetos chegando para coletar pólen e néctar, mas que também servem de alimento para outros seres. E, quando as flores se transformam em frutos, a dieta fica mais requintada. Os pássaros e morcegos, portanto, adoram os galhos para descansar, mas especialmente depois de uma boa refeição. É importante lembrar, ainda, que essas espécies chegam a voar quilômetros por dia (ou por noite), se alimentando em várias regiões.

Em qualquer organismo, tudo o que não é absorvido no processo de digestão é liberado, em especial em forma de urina e fezes. No caso de pássaros e morcegos, as fezes são repletas de sementes dos frutos comidos. Dessa forma, no solo abaixo da copa das árvores pioneiras começam a chegar sementes de muitas outras plantas, plantadas e adubadas por semeadores naturais.

Paralelamente, a queda de folhas dos galhos vai incrementando a fertilidade do solo abaixo da copa. Além da matéria orgânica, as folhas trazem para a superfície nutrientes, tais como o fósforo e o potássio, que foram retirados de regiões mais profundas do solo – pelas raízes das árvores – e levados até a copa.

Ao redor dos troncos das árvores pioneiras, portanto, passa a haver uma crescente concentração de diversidade de sementes, de biomassa e de fertilidade.

Nessas condições, várias sementes germinam e iniciam seu crescimento, protegidas do vento e da insolação direta pelas árvores pioneiras. É a vez de surgirem as chamadas espécies secundárias: as canelas, a guabiroba, a jabuticaba, o araçá, o miguel-pintado, o cedro, a peroba e várias outras espécies fazem parte desse grupo.

Agora, nossa floresta já apresenta ao menos três andares: o andar debaixo (gramíneas, ervas e arbustos que iniciaram o processo de recuperação), o andar de cima (a copa das espécies pioneiras) e um andar intermediário, formado por plantas ainda pequenas de árvores e arbustos de espécies secundárias, em processo de crescimento.

Conforme as árvores das espécies secundárias vão crescendo, as que formavam o andar de baixo e o andar de cima vão cedendo seus lugares. No andar de baixo, as gramíneas e outras espécies colonizadoras, apesar da imensa capacidade de adaptação a ambientes degradados, dependem de insolação direta para crescer e de vento para se reproduzir – duas condições que vão deixando de existir na floresta. As árvores pioneiras, por sua vez, apresentam um ciclo de vida relativamente curto. Em 15 a 30 anos, seus galhos começam a perder força, as folhas começam a secar e, muitas vezes, brocas e cigarras começam a furar os seus troncos. Sua estratégia de sobrevivência está justamente no crescimento rápido e na produção de uma grande quantidade de sementes, que ficarão no solo esperando a formação de uma clareira e o consequente aumento de temperatura para germinar. Assim, as espécies de gramíneas e de árvores pioneiras – já tendo cumprido seu papel – vão saindo do sistema.

Isso não acontece, porém, da noite para o dia. Cada vez que caem galhos ou árvores inteiras das espécies pioneiras, a luz entra mais diretamente logo abaixo, favorecendo brotações ou a produção de flores das espécies secundárias que ali se encontram. Dessa forma, a dança da queda gradual das árvores pioneiras vai contribuindo para a conformação da floresta. A diversidade de espécies secundárias que germinou vai recebendo estímulos luminosos em diferentes intensidades e, assim, crescendo, mais ou menos rapidamente.

Outra condição que contribui para a formação da floresta, nesse estágio, é o fato de que a maior parte das espécies secundárias são dependentes de sua baixa densidade. Como qualquer organismo, os herbívoros (sejam eles fungos, insetos, mamíferos ou de outros grupos de espécies) gostam de estar de preferência onde está seu alimento. Quando uma árvore de cedro, por exemplo, frutifica, parte de suas sementes cai logo abaixo da planta-mãe e outra parte é transportada por animais (em especial pássaros) para longe. Uma grande densidade de pequenas plantas de cedro, logo abaixo da planta-mãe, é um "prato cheio" para os herbívoros que dele se alimentam. Por outro lado, um ou alguns pés de cedro, crescendo isoladamente e mais distantes da planta-mãe, costumam ter mais sucesso. Dessa forma, as espécies secundárias que viram árvores adultas são mais espalhadas pela floresta do que as espécies pioneiras. Essa é parte da estratégia de sobrevivência das espécies secundárias, chamadas de densidade-dependentes. Isso contribui para que cada local tenha sua própria diversidade, formada por árvores de diferentes espécies secundárias próximas umas às outras.

Quando, por interesse econômico, se força uma maior proximidade de plantas secundárias da mesma espécie – sem promover a diversidade entre elas – a consequência tende a ser a eliminação dos plantios por predadores naturais. Um caso emblemático foi a tentativa de plantio adensado de seringueiras na Amazônia no início do século XX, para produção de borracha. Outro caso são os plantios de cacaueiro em monocultura, em larga escala, no sul da Bahia, já na segunda metade daquele século. Tanto a seringueira quanto o cacaueiro são espécies secundárias. Em ambos os casos, seus plantios favoreceram o intenso desenvolvimento de fungos parasitas, que vieram a inviabilizar a atividade em larga escala.

Quando as árvores pioneiras já não estão mais na cobertura da floresta e as gramíneas deixam o "andar" de baixo, cada pedaço da floresta pode ter diferentes andares ou estratos, formados pela combinação própria de plantas de espécies secundárias que ali se estabeleceu. Como a polinização e a dispersão de sementes dessas árvores dependem em geral de diferentes espécies de animais, a combinação de plantas que se estabelecem também contribui para o conjunto de animais que ocorrem em cada parte da floresta.

O solo, agora, já está repleto de raízes de várias árvores, atuando em simbiose com uma infinidade de organismos. A ciclagem de nutrientes entre regiões mais profundas e a superfície, via produção e queda de galhos e folhas, está ocorrendo de forma intensa. Além disso, as folhas das espécies secundárias tendem a ser mais finas e com maior concentração de nitrogênio do que as folhas das espécies pioneiras. No solo, caso a área não seja alagada, essas condições favorecem a liberação constante de nutrientes, a redução da acidez e uma grande intensidade da vida microbiana. Nesse processo, nutrientes que antes se encontravam quimicamente presos às partículas de solo vão sendo liberados em maior quantidade, tornando-se disponíveis para as plantas. Sem risco de erosão, seus nutrientes passam a fazer parte da dinâmica da vida da floresta.

Em condições de maior acúmulo de fertilidade no solo e de proteção ao vento e à insolação, começam a surgir as espécies climácicas. Em geral, elas não demandam insolação direta para seu crescimento, muito embora sejam mais exigentes do que as pioneiras e as secundárias em termos de fertilidade e estrutura do solo. O maracujá, o xaxim, a imbuia e o palmito fazem parte desse grupo. Estas plantas geralmente apresentam também relações muito estreitas com espécies de polinizadores e dispersores de sementes. A polinização do maracujá, por exemplo, é dependente quase que exclusivamente da mamangava. Várias espécies desse grupo dependem de mamíferos, como o esquilo ou a cotia, para sua dispersão, e é justamente em florestas mais maduras que esses animais encontram melhores condições de vida. É comum as espécies climácicas produzirem frutos grandes e suculentos, refletindo a fertilidade e abundância do local onde vivem. Além da produção de grande quantidade de substâncias nutritivas nas flores e frutos, outras substâncias também são responsáveis por sua estratégia de sobrevivência: enquanto nas espécies pioneiras a principal estratégia de sobrevivência é o rápido crescimento e a produção intensa de sementes e, nas secundárias, a densidade-dependência, as espécies climácicas costumam produzir substâncias adstringentes ou antibióticas para evitar a predação, seja em forma de látex, resina ou exsudatos.

Em uma floresta madura, portanto, as espécies climácicas vão ocupando diferentes andares, em meio às espécies secundárias e, em geral, em maior densidade, especialmente nos fundos de vale ou em regiões de microrelevo côncavo (onde há maior acúmulo de matéria orgânica no solo).

Como as espécies climácicas e mesmo as secundárias se adaptam à sombra, em maior ou menor grau, a literatura muitas vezes indica que elas devem ser plantadas em locais sombreados. É importante ter clareza, porém, que a sombra faz parte de um conjunto de condições da floresta em que a acoplagem estrutural das espécies climácicas ocorre de forma mais facilitada do que a de outras espécies. Maior fertilidade do solo, maior intensidade de ciclagem de nutrientes, maior proteção aos ventos, presença de animais polinizadores e dispersores de sementes e menor capacidade de outras espécies ocuparem seu lugar são fatores, em conjunto com a tolerância à sombra, que favorecem o estabelecimento dessas espécies em florestas mais maduras. Quando a entrada de luz aumenta, por conta da queda de galhos ou de plantas inteiras, em uma floresta em que o solo está protegido, em que a ciclagem de nutrientes (mediada pelos organismos do solo) está ocorrendo, em que as plantas estão protegidas do vento e em que a umidade relativa é alta, a resposta da maior parte das plantas secundárias ou climácicas é brotar e florescer em maior intensidade. Ou seja, plantas climácicas também gostam de luz solar direta, desde que em conjunto com outras condições que a floresta mais madura ofereça.

Conforme podemos perceber, a formação de uma clareira inicia uma verdadeira dança: o passo rápido da queda de uma árvore ou de seus galhos seguida de passos mais lentos das plantas pioneiras que começam a germinar e crescer e das plantas de espécies secundárias e climácicas brotando e produzindo mais flores e frutos. Nesse momento da sucessão ecológica, essa floresta – que chegou a ser uma área degradada – recebe a entrada de energia luminosa de forma muito diferente do que quando foi abandonada, conforme já havíamos comentado.

A formação de clareiras, a partir da queda de galhos e árvores, é um evento muito frequente em florestas tropicais. É importante lembrar, ainda, que não é qualquer galho ou qualquer árvore que cai, nessa formação. Em geral, caem justamente os galhos mais fracos, ou as plantas que já cumpriram seu papel na restauração da floresta, estimulando plantas com maior capacidade de acoplagem estrutural àquele momento da sucessão. E, justamente por "acordar" espécies pioneiras e estimular a brotação e o crescimento das espécies secundárias e climácicas, a clareira é o grande "motor" da biodiversidade de uma floresta.

Devemos considerar também que clareiras são formadas em diferentes momentos, em diferentes locais e com tamanhos variados. Por causa disso, é possível observar, por exemplo, uma árvore adulta de uma espécie pioneira ao lado de uma árvore adulta de uma espécie climácica. Neste exemplo, é possível que a espécie pioneira esteja no local em que foi formada uma clareira há vinte anos, que não tenha chegado a atingir a área em que está a espécie climácica (que pode ter sido uma clareira centenas de anos atrás). Uma floresta tropical é, em última análise, um mosaico de diferentes clareiras, de diferentes tamanhos e formadas em períodos distintos.

Com base no que acabamos de expor, é possível afirmar que a diversidade de plantas – e de animais – de uma área de floresta depende, fortemente, da sucessão de espécies pioneiras, secundárias e climácicas que ocorram ao longo do tempo. Mas depende também da quantidade, da periodicidade e do tamanho das clareiras formadas.

E não se chegou a detalhar ainda, até aqui, a relação entre a diversidade da floresta e a diversidade de relevos, tipos de solo e microclimas. Os processos de sucessão ecológica e de formação de clareiras, brevemente descritos aqui, variam também em velocidade, intensidade e natureza das espécies de acordo com o local em que ocorram. Em solos rasos e secos, no alto de um morro, por exemplo, a formação de clareiras e a sucessão natural serão diferentes do que nos solos mais profundos e férteis da beira de um rio, ao pé desse morro, por exemplo.

A diversidade e os consórcios de plantas e de animais de uma floresta são produtos, portanto, dos processos de sucessão ecológica, de formação de clareiras e de diversidade de solos, de relevo e de microclimas. Mas o que pretendemos, ao finalizar esse tópico, é chamar atenção para a importância da originalidade de cada espécie, a partir de seu genótipo e de sua capacidade de acoplagem estrutural, para a formação da diversidade de uma floresta.

Tanto em cima quanto embaixo[15,25,83]

A originalidade de cada espécie na parte de cima da floresta também é manifestada pelas espécies na parte debaixo, ou seja, no solo. Embora já tenhamos comentado um pouco da atuação de organismos do solo na sucessão ecológica, cabe aqui descrever suas formas de acoplagens estruturais com um pouco mais de detalhes.

Nos solos de clima tropical e subtropical, é imensa a diversidade e abundância de organismos no solo. Em apenas um grama de solo, é possível que existam milhares de espécies, entre bactérias, fungos, algas, protozoários, insetos, colêmbolos, ácaros, nematóides, anelídeos e tantos outros seres. Este um grama de solo pode conter mais de um bilhão de células de bactérias e mais de duzentos metros de hifas de fungos. E cada organismo individual, no solo, cumpre funções próprias, expressando sua originalidade a partir de acoplagens estruturais características. Com isso, criam novas propriedades o tempo todo, fazendo amplificar a vida no sistema.

Bactérias, por exemplo, estão constantemente a transformar substâncias orgânicas grandes em substâncias pequenas, favorecendo sua utilização por vários organismos – incluindo as plantas. Há também bactérias que obtêm sua energia de compostos inorgânicos, sendo as principais liberadoras de enxofre, nitrogênio, ferro e outros elementos da rocha e de partículas de solo. Outras bactérias fixam nitrogênio do ar, levando uma vida livre ou em associação com raízes de plantas e, dessa forma, são fundamentais para o suprimento desse elemento, o nitrogênio, a todas as formas de vida. Além disso, muitas bactérias secretam polímeros que unem as partículas do solo, criando grumos e, com isso, os micro e macroporos do solo. Como se não bastasse, as bactérias fixam em suas membranas celulares uma grande quantidade de nitrogênio, carbono e outros elementos, fornecendo-os ao sistema quando morrem.

Os fungos, por sua vez, são os principais organismos da biodiversidade do solo e cada espécie está adaptada a degradar substâncias diferentes. Assim, têm a capacidade, em seu conjunto, de degradar uma imensa diversidade de substâncias orgânicas complexas. Os fungos chamados de saprofíticos tendem a ficar mais próximos da superfície, liberando substâncias a partir da degradação de folhas, galhos e restos animais. Já os fungos micorrízicos – as já citadas micorrizas – fazem simbiose com as raízes, vivendo em geral na subsuperfície e ajudando a liberar nutrientes de substâncias complexas.

Além disso, os fungos também contribuem muito na formação de grumos, a partir de dois mecanismos: por meio do crescimento de suas hifas, enredando partículas pequenas de solo e a partir da produção de glomalina, uma glicoproteína formada a partir de sua morte, que é pegajosa e muito resistente à decomposição.

Os protozoários (amebas, ciliados e flagelados) são os principais predadores de bactérias, disponibilizando os nutrientes que constituíam suas membranas e fazendo o controle biológico de bactérias patogênicas. Protozoários também estão envolvidos na ciclagem de sílica, pois alguns incorporam silício em sua biomassa para construir pequenas conchas para sua proteção.

Já os nematoides são vermes pequenos, cilíndricos, que se alimentam de bactérias, de restos de plantas, de nematoides menores ou outros organismos. Alguns são parasitas de plantas. Por causa dessa grande diversidade de hábitos alimentares, são os principais controladores biológicos e têm um papel fundamental na liberação de substâncias no solo. Nematoides retêm também quantidades de nitrogênio maiores do que precisam, que acaba sendo expelido no solo em forma de amônia e facilmente consumido por plantas e bactérias, após a nitrificação. Além da movimentação própria, os nematoides são transportados muitas vezes por insetos, ácaros ou outros animais, levando seu papel de controlador biológico e liberador de nutrientes para vários locais.

Os ácaros são outro grupo de organismos de grande abundância no solo, podendo ser contados em até cem mil indivíduos por metro quadrado. Várias espécies de ácaros se alimentam de restos de plantas e de fungos e, ao "carregar" partes de hifas e esporos de fungos em seus corpos, contribuem muito para a colonização de fungos em áreas em processo de regeneração. Outras espécies de ácaros se alimentam de animais, sendo os principais predadores da micro e mesofauna do solo e, assim, são grandes controladores biológicos de populações que venham a aumentar. A contribuição dos ácaros ao organismo solo vai mais além: suas excreções são, em geral, pequenas pelotas muito ricas em nutrientes e de degradação lenta. Isso favorece a fertilização gradativa do solo e sua estruturação.

Os colêmbolos têm outras características e especialidades. São artrópodes bem pequenos, muitas vezes saltadores. São mais facilmente encontrados em galhos e troncos em decomposição, porém podem ocupar diferentes ambientes. São especialistas em excretar substâncias com elevado grau de mineralização ou disponibilização de nutrientes, como cálcio, magnésio, fósforo e potássio.

Os anelídeos, por sua vez, são vermes cilíndricos de diferentes espécies que vivem e se alimentam de matéria orgânica morta, depositada sobre o solo ou misturada a ele. A minhoca é o anelídeo mais conhecido. Devido à grande quantidade e velocidade com que se alimentam, têm um papel de grande importância na ciclagem de nutrientes. Produzem excreções em grande quantidade, nas quais estão presentes substâncias agregadoras de partículas do solo e nutrientes em diferentes graus de disponibilidade. São chamados de engenheiros do solo, pois criam canais, tocas e pequenos montes, que ampliam em muito a capacidade de infiltração de água e de oxigenação do solo.

Além dos organismos já comentados, há os insetos, as centopeias, as lacraias, as aranhas e vários outros grupos de espécies, compondo uma grande variedade de hábitos alimentares e sendo fundamentais como transformadores de matéria orgânica, engenheiros do solo e controladores biológicos. Devido à maior capacidade de locomoção que outros organismos, têm um importante papel na dispersão de fungos, bactérias, ácaros e pequenos nematóides aderidos em seus corpos, bem como na distribuição da própria matéria orgânica.

A diversidade e a abundância da biomassa que chega à superfície do solo, principalmente a partir da queda de folhas, galhos ou plantas inteiras, determina a diversidade e abundância dos organismos do solo. Um torrão de solo, assim, não é somente um conjunto de partículas minerais misturadas à matéria orgânica. Faz parte de um organismo vivo, integrado ao organismo florestal maior.

•

A recuperação da vida no solo, a redução da erosão, a ciclagem de nutrientes, a fixação de carbono, a produção de uma grande quantidade de biomassa e de uma grande diversidade de vida, entre vários outros processos da formação de uma floresta, depende de cada organismo estar onde e quando sua originalidade melhor atua. E, nessa atuação, cada organismo constrói novos laços com outros organismos e com o ambiente, modificando-o para que outros seres possam atuar.

A vida, portanto, funciona em redes dentro de redes, em processos inclusivos e sempre no rumo da diversidade e da abundância.

As propriedades emergentes e a originalidade da vida[8,9,15,50,83]

Como vimos, durante a sucessão ecológica de uma floresta é possível perceber a "criação" constante de ambientes, a partir da atuação dos organismos. Em cada momento, em cada local e em diferentes escalas, combinações de condições de temperatura, umidade, luminosidade e tipos e concentrações de substâncias são influenciadas pelos organismos que ali estão. Isso porque, ao viver ali, cada organismo está ocupando um espaço, desenvolvendo sua dinâmica autopoiética, se acoplando estruturalmente e consumindo e produzindo diferentes substâncias químicas.

Por outro lado, a combinação de organismos convivendo em um dado local depende de sua adaptação às condições do ambiente, e depende também de terem conseguido chegar ali, por movimentação própria ou pelo auxílio do vento ou de animais.

Tudo isso faz com que cada pedaço de floresta, em cada momento, tenha um consórcio de espécies e de condições ambientais características. Ou, dito de outra forma, a cada momento e em cada local são criadas propriedades emergentes, que são, portanto, oportunidades de novas relações ecológicas e de novas acoplagens estruturais. Por mais semelhantes que duas áreas de floresta possam ser, cada espaço, em cada momento, é único.

Além disso, do ponto de vista genético e evolutivo, em cada local e em cada momento há maiores chances de esse ou aquele indivíduo da mesma espécie melhor se adaptar, em função dos alelos (variações do mesmo gene) que traz em seu genótipo. Em outras palavras, como cada espécie é formada por indivíduos com uma grande variação genética, cada ambiente seleciona essa ou aquela combinação de variações. No conjunto geral de indivíduos de uma mesma espécie – ou seja, em sua população – haverá indivíduos mais adaptados a um ou outro lugar. A diversidade genética de uma espécie é, portanto, fortemente influenciada pela diversidade de ambientes onde ela consegue viver. A diversidade de uma floresta não é só a de espécies, mas também a genética dessas mesmas espécies e a diversidade de formas de acoplagens estruturais, totalmente relacionadas com a diversidade de ambientes e com as várias possibilidades de criação de propriedades emergentes.

Ampliando essa análise para agregar as comunidades humanas na relação histórica com os ambientes florestais, as múltiplas formas de fazer agricultura – tais como as apresentadas anteriormente como "agriculturas invisíveis" – são consequências e, ao mesmo tempo, geram novas propriedades emergentes.

Estima-se que na Amazônia, por exemplo, quando da chegada dos colonizadores europeus, havia 138 espécies cultivadas ou manejadas, em diferentes sistemas de cultivo, sendo a maioria delas originária desse bioma e quase $^{1}/_{3}$ de outros ecossistemas e biomas próximos.[14] No sul do Brasil, estudos recentes[5,42,68] têm verificado que os limites da floresta com araucária estão associados aos limites de ocupação indígena do tronco Jê* na região. Sem o uso e a propa-

* Tronco linguístico de povos indígenas que habitaram, desde muito tempo antes da chegada dos europeus, a região entre o sul de São Paulo e o norte do Rio Grande do Sul, e dos quais descendem os índios das atuais etnias Kaingang e Laklãnõ/Xokleng.

gação da espécie, sua região de ocorrência estaria limitada a uma área expressivamente menor.

Além disso, há em muitos ecossistemas uma relação direta entre diversidade biológica, cultural e linguística. Ou seja, quanto mais diversidade biológica, maior a diversidade cultural e a de línguas e linguagens,[87] evidenciando a elevada quantidade de trocas associadas à pluralidade de sistemas produtivos e de modos de vida.

Voltando às reflexões sobre as diferentes formas de domesticação de plantas e de paisagens, que fizemos na primeira parte do livro, é possível propor que nossas próprias acoplagens estruturais, ancestralmente estabelecidas junto com as florestas, gerem propriedades emergentes nas sociedades humanas e no ambiente, de forma interdependente.

Eduardo Galeano, escritor uruguaio, "desconfiava" dos cientistas, que nos dizem que a vida é feita de átomos. Dizia ele que a vida era sim feita de histórias. Mia Couto, escritor moçambicano, nos conta que

> as culturas sobrevivem enquanto se mantiverem produtivas, enquanto forem sujeitos de mudança e elas próprias dialogarem e se mestiçarem com outras culturas. As línguas e as culturas fazem como as criaturas: trocam genes e inventam simbioses como resposta aos desafios do tempo e do ambiente.[16]

Afinal, entre os átomos, as histórias, os genes e as culturas acabamos formando uma intrincada rede de relações, acoplagens estruturais e propriedades emergentes. Para muito além da entropia e das teias alimentares.

Padrões dinâmicos na natureza

Quando se analisam as espécies, os ciclos, as relações ecológicas e a estrutura de uma floresta, é possível identificar diferentes padrões dinâmicos permeando esses elementos e influenciando seu fluxo de energia. Tais padrões se repetem em cada sistema vivo, orientando sua expressão de vida. Eles existem também em cada um de nós, pois, afinal, enquanto organismos, somos sistemas vivos de trilhões de células, se relacionando entre si e com seus ambientes, de forma organizada e coordenada.

Perceber e entender o funcionamento desses padrões pode, afinal, nos ajudar a caminhar para nossa reconexão, para "juntar" o que a fratura metabólica quebrou, tempos atrás. Nas próximas páginas, serão apresentadas diferentes situações e formas de atuação que envolvem estes padrões, no sentido de estimular a reflexão sobre sua possibilidade de aplicação em sistemas de produção de alimentos.

A floresta como escola

Seja qual for o estágio de desenvolvimento de uma floresta – ou de qualquer ambiente natural – é possível perceber alguns padrões ocorrendo simultaneamente.

Conforme exposto anteriormente, uma floresta é muito mais do que um conjunto de árvores: ela é a expressão dinâmica de uma rede complexa entre as plantas, animais, os microrganismos do solo, a água, o ar, luz, vento e os elementos químicos, formando um grande organismo. Essa dinâmica é fácil de ser observada depois que uma clareira é aberta na floresta, dando origem a um processo de regeneração florestal.

Quando isso acontece, o pedaço de chão que estava debaixo das árvores que caíram passa a receber diretamente a luz solar. Olhando rapidamente para esse chão, só se vê terra e algumas plantas. Porém, se cavarmos um pouco com a mão, veremos sementes das mais variadas espécies, que se podem contar às dezenas, em apenas um metro quadrado e nos primeiros centímetros de profundidade. Parte dessas sementes vieram das próprias árvores que vieram a cair. Ali, foram guardadas pela floresta-mãe as possibilidades de sua renovação. Aguardavam justamente a chegada da luz solar, aquecendo o solo, como a mensagem para a germinação. E sementes de outras plantas, vindas de longe, de outras florestas, também encontraram abrigo ao pé de outras árvores. Agora, juntas, germinam para contribuir para o surgimento de um novo organismo florestal.

A "floresta-mãe" também encheu esse berçário de alimentos, por meio de suas folhas e galhos que caíram ao longo do tempo e foram transformados em matéria orgânica disponível para a vida no solo. A partir da germinação das espécies de uma floresta e por meio da fotossíntese, toda a biomassa viva da floresta é criada. Há aqui, portanto, um padrão de energia potencial para a criação, para a geração de estruturas de um sistema vivo. Esse padrão pode ser observado em diferentes momentos e locais da floresta, criando as bases para cada propriedade emergente.

É importante observar que, na clareira formada, não são todas as espécies que germinam e crescem na mesma velocidade. Se voltarmos a essa clareira um ano depois da queda das árvores, veremos ervas e arbustos em grande quantidade, buscando ocupar com suas folhas todos os espaços que a luz solar atingir. Em meio a essas plantas, surgem também árvores de rápido crescimento, as primeiras a crescer – as pioneiras. Crescem muito rápido, tanto para cima quanto para baixo, e produzem muitas folhas e raízes.

Muitas vezes, as clareiras são dominadas por uma grande quantidade de poucas espécies pioneiras, mas que têm uma função ecológica fundamental: criar as condições de umidade, luminosidade, alimento e proteção para as demais espécies que tenham germinado poderem crescer. Aqui, há um padrão de ordem, direcionamento, abertura de caminhos para a rápida cobertura da floresta e produção de biomassa, para que haja condições de estabilidade para a vida se desenvolver, sempre no rumo da maior diversidade e abundância.

As espécies pioneiras duram geralmente poucos anos na clareira formada, durante os quais produzem também muitas sementes, guardadas no solo para um futuro evento de renovação. Se voltarmos a essa área décadas após a abertura da clareira, não veremos mais o domínio dessas espécies, mas uma grande diversidade de árvores e arbustos, cada qual ocupando diferentes "andares" da floresta. Copas de espécies de árvores secundárias ocupam agora o "teto" da floresta e já é possível observar pequenas plantas das árvores de espécies climácicas.

Observando com mais atenção cada planta dessa floresta, é possível perceber que cada uma busca se colocar no ambiente de uma forma diferente, a partir de suas acoplagens estruturais. E, nessa busca, há um aprendizado de cada planta, que se posiciona da melhor maneira possível no ambiente. A arquitetura de cada planta é direcionada para receber de forma adequada a luz solar, para garantir sua sustentação e nutrição e para produzir o máximo possível de flores e frutos. Até plantas da mesma espécie apresentam portes e arquiteturas diferentes, conforme o local e o ambiente em que se encontram. Além disso, cada espécie apresenta características que as tornam mais aptas a um ou outro ambiente: espécies que apresentam folhas grossas ou com pelos podem evitar a transpiração, se adaptando a ambientes mais secos; espécies com folhas largas e finas, ao contrário, se adaptam a terrenos úmidos ou alagados, permitindo a transpiração de grande quantidade de água; espécies adaptadas a viver na borda das florestas muitas vezes têm seu mecanismo de polinização ou de dispersão de sementes associado à ação do vento, enquanto espécies acostumadas a viver dentro da floresta se especializam em ser polinizadas ou ter suas sementes dispersas por animais que frequentam os mesmos ambientes. Ou seja, conforme a floresta vai se estabelecendo, vai se tornando mais perceptível a expressão de um padrão dinâmico de aprendizado, permeando cada organismo e suas acoplagens estruturais.

O aprendizado de cada planta vai contribuindo, por sua vez, para o equilíbrio dinâmico da floresta, tornando seu ambiente interno mais estável do que o ambiente externo. Isso se reflete em um padrão de homeostase crescente. Cipós costumam formar cortinas ao redor das florestas, evitando o excesso de luz e de vento e o aumento de calor em seu interior; plantas que crescem na beira dos rios represam sedimentos que contribuem na fertilidade do solo florestal; plantas cujas folhas caem no inverno ajudam a proteger e adubar o solo para a primavera, e assim por diante. A acoplagem estrutural de cada ser e a homeostase criada no ambiente transformam a floresta em um grande organismo, formado por distintos ambientes e estruturas, que ruma sempre no sentido do aumento de diversidade e de fertilidade.

À medida em que as espécies se estabelecem, criam também uma infinidade de microambientes, bem como uma grande diversidade de relações. A partir da produção de pólen e néctar nas flores, por exemplo, insetos, aves e morcegos participam da polinização de diferentes espécies: flores grandes, brancas, de cheiro forte e que se abrem à noite são um convite à chegada dos morcegos; flores vermelhas e em forma de tubo oferecem néctar a aves de bico afinado e, em troca, têm seus grãos de pólen transportados a outras plantas; flores amarelas e em disco, como as margaridas, têm as abelhas como principais parceiras para a polinização. Relações análogas ocorrem para a dispersão de sementes, sendo possível citar uma grande quantidade de relações já conhecidas.

Quanto mais diversidade de plantas em uma floresta, maior a diversidade de animais, em processo de ajuda mútua. Esta ajuda pode ser observada também entre as plantas, umas com as outras. No conjunto de árvores de uma floresta, as raízes são especializadas em captar diferentes nutrientes, em diferentes profundidades. Ao levá-los às suas folhas e delas ao chão (quando caem), cada planta está contribuindo com o grande e diversificado banquete do solo florestal, que serve a microrganismos, insetos, minhocas, outras plantas e a uma infinidade de seres. Além disso, as plantas se solidarizam também entre si por meio de sinais bioquímicos, levados entre as raízes por meio de fungos e bactérias do solo. A partir desses sinais, as plantas direcionam seu crescimento e sua fisiologia, contribuindo de forma o mais eficaz possível para a diversidade e homeostase do organismo florestal. É possível observar, portanto, um padrão de troca, de ajuda mútua.

Todo o fluxo de energia existente na floresta é mediado pela formação de biomassa de plantas – a partir da fotossíntese – e pela degradação de parte dela pelos organismos do solo. A energia luminosa, transformada em energia química na fotossíntese, é a base da formação da vida na floresta. Essa energia química é reutilizada novamente, no solo, ao passo que as substâncias que compunham a biomassa vegetal passam a ser disponibilizadas. A transformação da matéria orgânica e de formas de energia é, pois, outro padrão dinâmico constante na floresta.

Chegará um dia, talvez em dezenas ou centenas de anos, que uma nova clareira será formada nesse pedaço de floresta, por ação do vento, de uma enxurrada, de um incêndio. Será o sopro de renovação novamente atuando. Então, uma nova floresta virá. Não será a mesma floresta. Cada ciclo de renovação é estabelecido sobre a história da floresta em seu ciclo anterior. Ali viveram plantas, animais e microrganismos que cresceram, se relacionaram e tiveram aquele local como espaço de evolução. Ali, também, deixaram seus corpos quando morreram, contribuindo com sua matéria e sua história para o aumento de fertilidade e diversidade do organismo florestal. Uma nova floresta será estabelecida, portanto, sobre um ambiente mais rico, mais fértil e mais cheio de histórias que a floresta anterior. Paralelamente, cada ambiente vai selecionando indivíduos mais adaptados das espécies que nele vivem, possibilitando a evolução genética de cada espécie. Dessa forma, um padrão de evolução/complexificação pode ser também percebido na dinâmica florestal.

Podemos tentar entender uma floresta a partir de seus organismos e suas relações, envolvendo suas acoplagens estruturais, propriedades emergentes e sucessão ecológica. Mas, como vimos, podemos ir mais além. Podemos utilizar os padrões de energia potencial para a criação, de ordem, de aprendizado, de homeostase, de ajuda mútua, de transformação e de evolução, apresentados rapidamente mais acima, como lentes para enxergar como a floresta está funcionando.

Esses padrões não são perceptíveis somente em uma floresta. São comuns a todos os sistemas vivos, desde sua origem. Sistemas dos quais, é bom lembrar, nós humanos também somos parte.

Padrões da floresta, padrões da vida[8,9]

Contam os geólogos e historiadores da Terra que, há mais ou menos 3,5 bilhões de anos, nosso planeta era coberto por oceanos de água morna em sua maior extensão. A vida, como a conhecemos, ainda não existia.

Os oceanos, porém, não eram só água salgada. Formavam uma grande sopa, cheia de substâncias químicas variadas, que se combinavam de inúmeras maneiras. Essas combinações eram estimuladas por constantes descargas elétricas da atmosfera – que, aliás, tinha uma composição química muito diferente da atmosfera atual. Talvez não haja outro elemento melhor para simbolizar um padrão potencial de criação do que essa imensa e variada sopa. Os oceanos eram, então, a sopa primordial, a sustentar possibilidades de criação da vida.

Foi durante essa geração crescente de moléculas no mar que um grupo de substâncias químicas começou a aparecer em grande quantidade: os lipídios.

Os lipídios, ou gorduras, são substâncias grandes formadas principalmente por átomos de carbono e hidrogênio. Sua estrutura molecular apresenta sempre dois polos. Uma das pontas do lipídio "gosta" de se associar às moléculas de água; a outra ponta procura "fugir" da água. Assim, um lipídio, seja ele com dezenas ou com milhares de átomos de carbono e hidrogênio, será sempre uma estrutura comprida, linear, com uma ponta "hidrófila" (que se adapta bem, energeticamente, em meio aquoso) e a outra ponta "hidrófoba" (que procura escapar da água).

Os lipídios foram provavelmente as primeiras substâncias grandes que apareceram no mar e sempre com esse padrão, com essa ordem: um lado hidrófilo e outro lado hidrófobo.

Figura 1: Desenho esquemático da estrutura da molécula de um lipídio[9]

Bem, parece estranho pensar que os lipídios pudessem se manter estruturados no mar, especialmente por causa de seu lado hidrófobo. Afinal, como "fugir da água", no mar? O que acabou acontecendo foi que os lipídios passaram a se ordenar em sequências de duas moléculas, atraídas entre si pelas pontas hidrófobas e deixando "para o lado de fora", em contato com a água, seus lados hidrófilos.

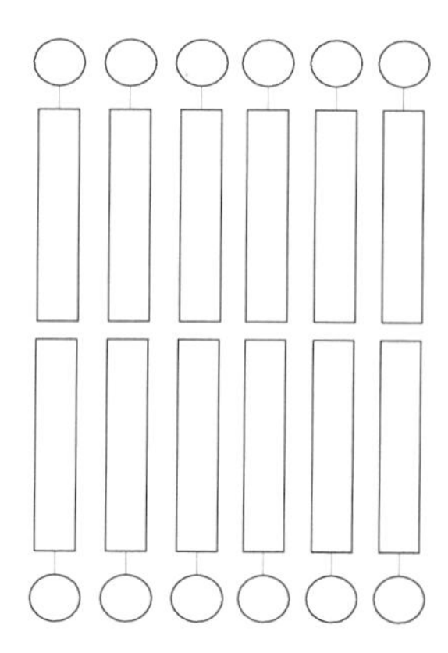

Figura 2: Tendência do arranjo espacial dos lipídios na água do mar.[9]

Quanto menos água em volta dos lados hidrófobos, maior a estabilidade química dos lipídios. A tendência natural foi a aproximação lateral dessas combinações de dois lipídios, formando "trilhos", unidos em forma circular. Ou, de forma mais simples, "bolhas de gordura".

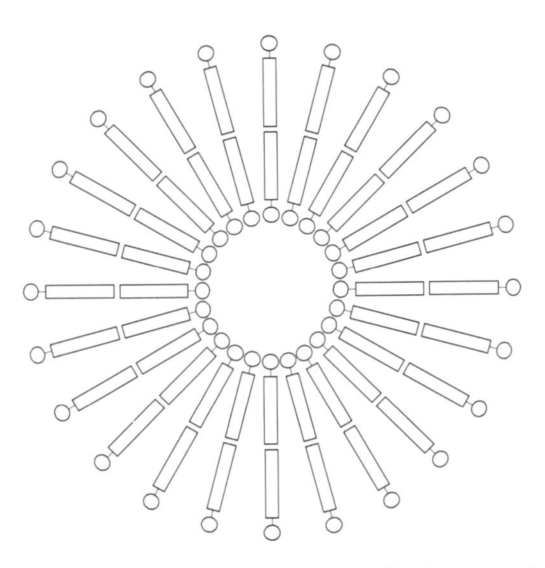

Figura 3: Desenho esquemático de uma "bolha de gordura".[9]

Não precisamos de laboratórios de alta tecnologia para visualizar a formação dessas bolhas. Basta tentar misturar azeite (formado basicamente por lipídios) em um copo com água, agitando-se inicialmente com uma colher e depois observando o que acontece. Depois de alguns segundos, bolhas cada vez maiores de azeite começam a se formar. São os lipídios se auto-organizando.

Então, na grande e morna sopa dos oceanos, o padrão de ordem dos lipídios passou a se formar cada vez mais. Bolhas de lipídios, grandes e pequenas, com lipídios maiores ou menores, nos diferentes ambientes oceânicos, mas sempre com o mesmo padrão estrutural.

Essas bolhas permitiram algo que ainda não existia: uma relativa separação entre seu ambiente interno e externo.

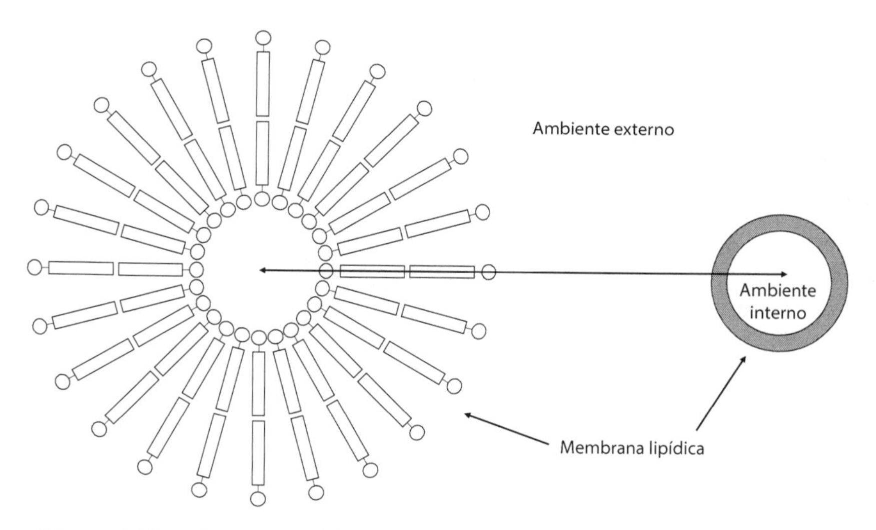

Figura 4: Desenho esquemático de uma vesícula limitada por uma membrana lipídica, diferenciando um ambiente interno de um ambiente externo.[9]

Milhares, milhões, bilhões de vesículas limitadas por membranas lipídicas passaram a ocupar os oceanos. Elas permitiam a entrada de algumas substâncias da sopa oceânica no interior das vesículas. Outras, por causa de seu tamanho ou de características químicas próprias, só existiam do lado de fora. Dessa maneira, os ambientes internos e externos às vesículas passaram a se diferenciar em sua composição. Do lado de fora dessas vesículas o ambiente tendia a ser instável, variando em temperatura e velocidade do fluxo de água, por exemplo, muito mais intensamente do que em seus ambientes internos. Então, reações químicas que ocorriam do lado de dentro das vesículas encontravam substâncias e ambiente diferenciado do que havia no ambiente externo.

O padrão de ordem, na organização dos lipídios, possibilitou um padrão de homeostase, no interior das vesículas, em equilíbrio dinâmico com o meio exterior. Nessa dinâmica, as trocas entre moléculas de dentro e de fora das vesículas foram estabelecendo as bases para a futura ajuda mútua entre as espécies.

Os principais elementos químicos que formavam as moléculas eram o carbono, o oxigênio, o hidrogênio, o fósforo e o nitrogênio. A presença do nitrogênio nas moléculas conferia às mesmas duas características: a catálise e o armazenamento de informações. Os catalisadores atuam em reações químicas, aumentando suas velocidades, mas mantendo-se inalterados quimicamente. Assim, catalisadores (formados por moléculas com nitrogênio) passaram a favorecer uma imensa variedade de reações químicas, em especial dentro das vesículas lipídicas, criando redes de reações não-lineares, expressando um padrão de transformação.

A diferença entre as moléculas, entre as reações e entre as redes de reações entre vesículas diferentes provavelmente contribuiu para o posicionamento distinto dessas vesículas na sopa oceânica. Era o início do padrão de aprendizado, de acoplagem estrutural.

Muito provavelmente, foi nesse contexto de complexidade de reações e contando com moléculas de proteínas e ácidos nucléicos que teriam se formado as primeiras moléculas de DNA, com a capacidade de se duplicarem e formarem outras substâncias. Sob a ótica científica atual, foi provavelmente dessa forma que houve a origem da vida no planeta.

Assim, substâncias que formavam o código genético, dentro das vesículas lipídicas, passavam a gerar outras substâncias importantes para a manutenção da vida, a partir das moléculas existentes na sopa oceânica. Os códigos genéticos foram então se transformando, gradativamente, em diferentes genótipos de estruturas unicelulares, adaptando-se a diferentes ambientes, estabelecendo a evolução constante como um padrão dos sistemas vivos.

Dessa forma, os padrões de energia potencial para a criação, de ordem, de homeostase, de troca, de aprendizado, de transformação e de evolução conviveram, provavelmente, com os sistemas vivos, desde sua origem.

A constituição de nossos corpos carrega, até hoje, água salgada como a do mar, em uma proporção semelhante, inclusive, à dos oceanos sobre a Terra: somos constituídos por aproximadamente 70% de água salgada. Nossas células, como a de qualquer organismo, atuam a partir dos mesmos padrões apresentados acima, em seus processos de autopoiese e acoplagem estrutural.

A expressão dos padrões dinâmicos da natureza em cada planta[44,45,47,66]

Mais de um bilhão de anos após o surgimento da vida na Terra, o oceano não era mais só uma sopa com uma imensa variedade de substâncias químicas. Continha também, na própria sopa, uma multidão de seres (em geral microscópicos), que se alimentavam dela e se reproduziam.

A grande quantidade de substâncias presentes nessa sopa foi o alimento, o sustento de toda essa multidão de organismos, durante todo o tempo. A comida, porém, estava acabando. O resfriamento da Terra reduzia cada vez mais a chegada de lava vulcânica aos oceanos. As tempestades eletromagnéticas (que traziam energia para a produção de muitas substâncias) também foram reduzindo, gradativamente. Começava a faltar comida para formar as estruturas vivas, em crescente processo de reprodução e evolução.

Em algum momento, a biotecnologia mais revolucionária da história do planeta foi criada: a fotossíntese. Em estruturas especiais chamadas de cloroplastos, o gás carbônico, em presença de luz, passou a ser transformado em açúcar. Havia gás carbônico em grande quantidade, tanto na atmosfera quando dissolvido no oceano. Ele era o principal subproduto do metabolismo de seres vivos durante mais de um bilhão de anos de atividade. O uso desse gás carbônico como fonte de alimento deu a largada para a construção de formas vivas muito mais complexas, pois o açúcar produzido na fotossíntese (a glicose) é facilmente transformado em outras substâncias, como o amido, a celulose e a lignina, capazes de armazenar energia e estabelecer estruturas de sustentação. Os cloroplastos passaram a se incorporar dentro das células do que depois vieram a ser os vegetais, vivendo em seu aconchego e fazendo o serviço de produzir alimento e armazenar energia.

A biotecnologia da fotossíntese criou, dessa maneira, o mecanismo principal de sustentabilidade da vida: usar como alimento o produto do metabolismo. Não só os organismos que faziam fotossíntese vieram a se alimentar das substâncias produzidas com carbono, mas também aqueles que passaram a se alimentar desses mesmos organismos, ou seja, os herbívoros. E, também, aqueles que passaram a ter nos herbívoros seu principal alimento.

Entretanto, pouco a pouco, a fotossíntese foi criando um problema ambiental grave para os seres que viviam naquela época: como subproduto da transformação de gás carbônico em açúcar, a fotossíntese produzia oxigênio. E oxigênio, como se sabe, oxida, enferruja. Ele tem uma grande capacidade de reagir com substâncias orgânicas, liberando a energia química que as une e transformando-a em calor. Para as estruturas celulares da época, o oxigênio era um veneno mortal.

A vida, entretanto, foi dando um jeito. Substâncias menos reativas ao oxigênio foram criadas e passaram a envolver as células e os organismos, ou a criar caminhos químicos para a redução de seu efeito. Nesse processo, acabou sendo criada a biotecnologia prima-irmã da fotossíntese: a respiração aeróbica. Em células especiais (chamadas mitocôndrias), devidamente protegidas e com caminhos específicos para o oxigênio, este passou a ser conduzido diretamente para parte dos açúcares produzidos na fotossíntese, libertando a energia que unia seus átomos de carbono e incorporando-a a substâncias capazes de utilizá-la para os mais diferentes fins. Não demorou (na escala de tempo geológica, é claro) para que as mitocôndrias se incorporassem às células dos organismos de então, vivendo em parceria com elas. Mesmo em células que não faziam fotossíntese, a presença das mitocôndrias veio a possibilitar a criação de usinas de energia para seu funcionamento.

Agora, o organismo planetário tinha criado a precisa e exata capacidade para a vida em grande escala: libertar a energia solar que estava constantemente sendo agregada na fotossíntese e utilizá-la como fonte de energia. De quebra, tinha criado um caminho para controlar o excesso de oxigênio da atmosfera, consumindo-o no processo de respiração. Assim, além da produção de biomassa em grande quantidade (via fotossíntese), a vida tinha dado um jeito de usar a energia armazenada nessa biomassa para evoluir.

Hoje, a atmosfera contém exatamente 21% de oxigênio entre seus gases. As estruturas vivas estão plenamente adaptadas a essa proporção e sua manutenção é fundamental: se ela aumentasse um pouco, as estruturas celulares não aguentariam o excesso de oxidação; se a proporção de oxigênio fosse levemente reduzida, o metabolismo energético seria muito lento, inviabilizando a vida tal qual a conhecemos.

De forma análoga, a proporção de gás carbônico da atmosfera se estabilizou entre 0,03 e 0,04%. Hoje, a maior parte do carbono do planeta está armazenada na biomassa vegetal e nos solos. Se a proporção de gás carbônico vier a aumentar alguns poucos centésimos, o efeito estufa inviabilizará a vida como ela é atualmente; se viesse a ser reduzida a menos de 0,02%, a temperatura da Terra resfriaria ao ponto da extinção da maior parte das espécies.

Resumidamente, essa é a concepção fundamental da teoria de Gaia, desenvolvida por Lynn Margulis e James Lovelock: a vida, em seu conjunto, gera as condições precisas do ambiente, para que a própria vida possa acontecer, em um sistema de constante expansão.[44]

E, conforme é possível observar, no processo de evolução da vida, os padrões de transformação, de troca, de aprendizado, de criação, de ordem e de homeostase estiveram sempre presentes e atuando de forma complementar. Neste processo, as plantas têm desempenhado o papel maior de provedoras de nutrição para a vida planetária, emergindo dos oceanos o padrão de criação e trazendo alimento em grande quantidade para a vida terrestre.

Na forma de cada planta funcionar, as mesmas forças e padrões que atuaram no processo de formação da vida no planeta – e que atuam nas florestas – também estão presentes.

Cada semente traz em si o acumulado de evolução que propiciou a formação de estruturas celulares variadas. Em seu código genético – espaço de atuação do padrão de evolução – estão inseridas as bases para diversas biotecnologias elaboradas ao longo de milênios – entre elas a respiração e a fotossíntese. Estão ali, também, na estrutura microscópica de seu DNA, a orientação para a construção dos tecidos que formarão o vegetal, seja um pé de feijão ou um pinheiro.

Para que essas bases genéticas possam funcionar, ou seja, para que a planta tenha uma estrutura mínima que a permita respirar, fazer fotossíntese, transpirar ou desenvolver todos os seus processos vitais, a planta-mãe dotou a semente de uma reserva de alimento associada ao embrião, chamada de endosperma. Adoramos comer essa reserva na forma de feijoada, pipoca ou de tantos alimentos que, assim como o feijão e o milho, têm endospermas de grãos como base. Sua biomassa, no processo de germinação, é transformada em plântula. Só então ela passa a captar nutrientes, fazer fotossíntese e, enfim, viver por conta própria. O endosperma e a fotossíntese refletem, portanto, o padrão da energia potencial para a criação.

Quando uma semente germina, imediatamente a plântula é dominada por dois movimentos: a parte aérea tem fome de luz e busca se afastar da terra (fototropismo), enquanto a raiz busca o escuro e se volta para a terra (geotropismo). Assim como o lado hidrófobo e o lado hidrófilo dos lipídios permitiram um padrão de ordem para a célula existir, o geotropismo e o fototropismo permitem um padrão de ordem para cada organismo vegetal viver.

Conforme a planta vai crescendo, o geotropismo e o fototropismo precisam estar em total sintonia, para que a absorção de água nas raízes seja semelhante à transpiração nas folhas. Caso contrário, todo o metabolismo vegetal ficaria comprometido. Da mesma forma, a arquitetura e o peso da raiz precisam ser proporcionais à arquitetura e ao peso da parte aérea da planta, sem o que ela não se sustentaria. Assim, o padrão de ordem do geo e do fototropismo cria uma condição de equilíbrio estrutural entre a parte aérea e a raiz, o que permite, por sua vez, o bom funcionamento da planta. De maneira análoga, como já vimos, a organização dos pares de lipídios em forma esférica veio a permitir o funcionamento celular. É o padrão de ordem possibilitando novamente o padrão de homeostase e, entre outras coisas, a acoplagem estrutural da planta com o ambiente.

Cada folha aponta para o sentido em que cresce, forma sua nervura principal e, depois disso, suas nervuras secundárias, que servirão para levar a seiva com o açúcar produzido pela fotossíntese. Cada broto e cada gavinha buscam contato com espaços de luz ou com suportes para apoio. Cada espécie de árvore está adaptada a direcionar suas copas para faixas de comprimento de luz específicas, ocupando, cada uma, "seu lugar ao sol" e ou à sombra de outros andares da floresta. Quando a planta já está crescida, variações precisas das horas de luz no dia determinam o florescimento. Variações na quantidade de água no solo e de calor do ar determinam a abertura ou o fechamento dos poros das folhas. Variações químicas do solo indicam se a planta deve ou não aumentar suas raízes. A planta, portanto, percebe e estabelece a acoplagem estrutural com o ambiente em que cresce, direcionando energia para cada processo vital a partir das condições em que cada uma de suas partes se encontra. A partir desse padrão de aprendizado – sempre atuante – a planta vai se moldando, se adequando e adaptando sua forma física, em um processo constante de retroalimentação de seu código genético.

Essa capacidade de aprendizado se manifesta, então, nos mecanismos de relação que a planta cria com outros seres e com o ambiente. A partir de contatos de natureza bioquímica, em suas raízes se associam bactérias e fungos que irão ajudar a absorver água e nutrientes e, em troca, ganharão açúcares, nutrientes e proteção da planta. Suas flores produzirão cores, néctar e pólen, que se constituem em banquete para abelhas, besouros, aves, morcegos e tantos outros seres que, em troca de alimento, promovem sua polinização. Seus frutos se formam para atuar em parceria com o vento ou com outros organismos, tornando-se saborosos e viabilizando a vida de um grande número de animais da floresta que, em troca, plantam suas sementes por onde andarem ou voarem. É o padrão de ajuda mútua atuando.

Depois de morrer, o vegetal continua a produzir vida, alimentando os microrganismos do solo e sendo transformado em substâncias orgânicas, as quais ajudarão a compor novas plantas. A energia acumulada em suas estruturas é agora utilizada em outros processos do organismo florestal. É o padrão de transformação – que atuou durante toda sua existência – viabilizando a vida em níveis cada vez mais complexos.

Assim como nas plantas, nos animais

Se é possível perceber os padrões dinâmicos da natureza nas plantas, nos animais essa percepção é muito mais clara, em especial a partir da maior complexidade de seus sistemas orgânicos.

Em uma rápida leitura dos livros ou apostilas de biologia comuns no ensino médio, é fácil perceber essa relação entre os padrões aqui colocados e os diferentes sistemas. O padrão de criação está implícito, por exemplo, nos sistemas reprodutivos, sexuados ou assexuados, de todos os filos do reino animal. Seja por brotação, cissiparidade ou pelas várias formas de reprodução sexuada, é inerente a todo animal a capacidade de se reproduzir, levando aos descendentes suas características genéticas. A maioria dos animais desenvolveu tecidos e órgãos específicos para promover sua reprodução.

Todavia, o padrão de criação vai além dos mecanismos da reprodução e fecundação. A partir da formação do embrião, as células vão se multiplicando e se diferenciando – criando suas formas próprias – para atuação em cada órgão ou tecido. Mórula, blástula e gástrula constituem as primeiras fases do desenvolvimento embrionário. A partir daí, de acordo com a localização da célula e com características bioquímicas específicas, forma-se gradativamente cada órgão. Fazendo uma analogia com a autopoiese, que discutimos anteriormente: se as membranas de cada célula se modificam em estrutura e funcionalidade a partir da relação com o ambiente, na embriologia cada célula toma sua própria forma como constituinte de um órgão, durante o crescimento do feto, como expressão do padrão de criação.

Essa expressão, portanto, não é desordenada. Forma-se boca no lugar da boca e pé no lugar do pé. Assim como nas plantas o geotropismo e o fototropismo estabelecem inicialmente o padrão de ordem de seu crescimento, nos animais o desenvolvimento embrionário também expressa esse mesmo padrão. Um após o outro – e no lugar certo – cada órgão e tecido vai se formando. E cada um deles tem uma funcionalidade própria, focada no "serviço" que prestará ao organismo. Ou seja, cada órgão, cada tecido e cada célula de qualquer animal tem função e forma específica, direcionada para uma determinada ação. É o padrão da ordem novamente atuando.

Essa atuação, é bom lembrar, precisa estar sincronizada com o conjunto do organismo. Os batimentos do coração, por exemplo, precisam estar em ritmo sincronizado com os movimentos de respiração, protagonizados pelos pulmões e diafragma. Estes, em atuação conjunta com os sistemas circulatório, urinário, digestório e linfático são mediadores do equilíbrio dos líquidos dentro do organismo, sem o que nada funciona. Os sentidos e as emoções, por sua vez, influenciam a atuação de todos os órgãos, tecidos e células do organismo. E assim por diante.

Em nível bioquímico, o funcionamento integral de um organismo é mediado por hormônios e neurotransmissores, produzidos em especial nas glândulas dos sistemas linfático ou hormonal, mas também em muitos órgãos. Essa mediação ou articulação entre o funcionamento das estruturas de um organismo é o que o torna um conjunto, um ser integral. Fica clara, aqui, a expressão do padrão de homeostase.

Assim como qualquer organismo, os animais se relacionam com outros seres vivos. Por causa da maior mobilidade dos organismos animais, se comparados aos vegetais, podemos observar facilmente essas relações ocorrendo de múltiplas formas. A ajuda mútua é, entre essas relações, o padrão predominante: simbiose, mutualismo, comensalismo, epibiose, organização em sociedade e várias outras relações ecológicas em que os indivíduos envolvidos se ajudam ocorrem em muito maior intensidade do que as relações em que um dos organismos é prejudicado ou mesmo morre. Ainda assim, nessas últimas, há benefício para o conjunto do organismo da floresta ou do ecossistema. O padrão de ajuda mútua é a base, portanto, das acoplagens estruturais e das propriedades emergentes que envolvem a vida animal.

Para funcionar, qualquer organismo precisa transformar. Na maior parte dos animais, o padrão de transformação se expressa com intensidade no sistema digestório. Nos organismos mais complexos, há órgãos específicos para cada parte do processo de transformar os alimentos consumidos em energia e substâncias para uso: boca, faringe, esôfago, estômago, intestinos, fígado, pâncreas... Cada órgão formado por células com atuação programada e específica para contribuir, de forma própria e original, na digestão. A partir da expressão do padrão de transformação por esses órgãos, a biomassa e a energia acumulada pelos vegetais, via fotossíntese (ou por animais que consumiram vegetais) podem agora ser reorganizadas para o funcionamento do organismo que está realizando sua digestão.

Muito embora o sistema digestório talvez seja o mais didático para ilustrar o padrão de transformação nos animais, sua expressão ocorre também em todos os outros sistemas, como por exemplo na transformação de substâncias para excreção no sistema urinário, na transformação de moléculas de glicose em gás carbônico na respiração (para uso da energia acumulada nessas substâncias) e nas infinitas reações enzimáticas, responsáveis por quase todo o metabolismo animal, transformando substâncias o tempo todo.

O padrão de aprendizado, nos animais, novamente é mais facilmente percebido do que nas plantas. Há mais de um século se realizam experimentos e se geram resultados sobre como os animais aprendem, servindo inclusive de base para o conhecimento sobre a cognição e a psicologia humana. Quem tem um cachorro ou gato percebe isso no dia a dia. Quem cria galinhas, coelhos, cavalos ou bois também. Em certo sentido, a cognição dos animais não-humanos é mais ampla ou sensível: seus comportamentos expressam, muitas vezes, o aprendizado de dimensões sensoriais que os humanos talvez tenham perdido em seu processo deliberado e intencional de separação da natureza. Cavalos ficam agitados muito antes de chegar uma tempestade; vacas selecionam plantas medicinais para pastejar quando estão doentes; cachorros ficam fracos em um ambiente depressivo... A lista de comportamentos aprendidos a partir de uma relação mais sensorial com o ambiente é enorme.

E é vivendo, com sua forma própria e original, no tempo e no espaço que lhe compete, criando acoplagens estruturais, mecanismos autopoiéticos e propriedades emergentes que cada animal contribui, com sua parte, para a evolução do lugar onde vive e para a evolução de sua própria espécie. De forma integrada ao ambiente, cada animal contribuirá geneticamente para a conformação de sua população nas gerações subsequentes. É, finalmente, o padrão de evolução, novamente atuando.

E conosco... seria diferente?

A percepção de que somos natureza e de que é importante lembrarmos disso quando dela tentamos nos afastar é tão antiga quanto as civilizações humanas. Esta percepção, integrando a filosofia e a espiritualidade, nos é recordada constantemente.

Dos filósofos pré-socráticos a Jesus de Nazaré; de São Francisco de Assis a Mahatma Gandhi; de Sidarta Gautama a Krishnamurti, a religação com a natureza sempre esteve associada à evolução espiritual e ao caminho para a solidariedade e a cooperação nas comunidades humanas.

Nas últimas décadas, várias abordagens científicas também têm nos apontado a necessidade dessa religação. Entre elas, está a teoria de Gaia, concebendo cientificamente a Terra como um organismo vivo; a teoria de Santiago, de Maturana e Varela, nos ensinando sobre a cognição entre os seres vivos e suas acoplagens estruturais; a biologia da conservação, agregando conhecimentos ecológicos para a proposição de políticas conservacionistas (entre elas a criação de milhares de áreas protegidas ao redor do mundo); a ecologia profunda, propondo nossa adequação ao ecocentrismo, com o ser humano como parte do todo, e não como dono; e, mais recentemente, a ecopsicologia, demonstrando e aplicando conhecimentos de como a relação com a natureza pode nos curar de transtornos psicológicos. Estas abordagens, entre várias outras e cada qual com seu enfoque, são transversais na busca pela integração humana com a natureza como condição para a vida.

A necessidade dessa integração nos é constantemente lembrada também a partir da ligação dos Povos Originários e comunidades tradicionais com seus territórios, nos quais seus modos de vida estão fortemente acoplados às forças da natureza. Essa dimensão está na conhecida carta do chefe Seattle ao presidente dos EUA, de 1854, em resposta a uma proposta de "compra" do território onde habitava seu povo, da qual trago aqui um trecho:

> Como é que se pode comprar ou vender o céu, o calor da terra? Essa ideia nos parece estranha. Se não possuímos o frescor do ar e o brilho da água, como é possível comprá-los? Cada pedaço desta terra é sagrado para meu povo. Cada ramo brilhante de um pinheiro, cada punhado de areia das praias, a penumbra

> na floresta densa, cada clareira e inseto a zumbir são sagrados na memória e experiência de meu povo. A seiva que percorre o corpo das árvores carrega consigo as lembranças do homem vermelho.

Essa conexão territorial está presente, também, na luta dos povos indígenas e comunidades tradicionais pela manutenção de seus modos de vida no Brasil.

A resistência dos povos indígenas já dura mais de 500 anos, muito embora a invasão, o extermínio, a desculturação e a expropriação de seus territórios continuem a acontecer de forma absurda e inacreditável, especialmente a partir de setores relacionados ao grande agronegócio.

Essa luta é também dos quilombolas, dos pescadores artesanais, das quebradeiras de coco, dos faxinalenses, dos caiçaras, dos caboclos e de tantas outras comunidades tradicionais. Envolveu, entre tantas frentes, o movimento dos seringueiros da Amazônia para a garantia da manutenção da floresta em pé, sem a qual suas vidas não existiriam. Desse movimento, em que Chico Mendes foi um dos maiores representantes, resultou a criação de dezenas de reservas extrativistas no país.

Nos últimos anos, a matriz comunitária de povos que vivem em harmonia com a natureza tem se refletido na construção do termo "Bem Viver". Esta expressão é fundamentada em relações de produção autônomas, renováveis e autossuficientes e na boa convivência entre os indivíduos, a sociedade e todos os seres da natureza. Expresso nas recentes constituições federais do Equador e da Bolívia, o "Bem Viver" traz a mensagem da possibilidade efetiva de integração com a natureza como eixo de organização coletiva, dos povos andinos e amazônicos para o mundo.

A percepção de que somos natureza se mistura, portanto, entre a religião, a ciência, a filosofia e os modos de vida tradicionais. Leonardo Boff, teólogo e escritor, propõe que a natureza, na compreensão contemporânea, possui "subjetividade e espiritualidade". Que "o acesso a ela não se faz apenas pelo logos e pela razão instrumental-analítica (...), mas principalmente pelo pathos (estrutura da sensibilidade), pelo cuidado, pelo Eros (estrutura do desejo), pela intuição, pelo simbólico e pelo sacramental." Segundo Boff, na natureza encontramos

> uma totalidade de sentido, em diversidades que se articulam numa unidade dinâmica; encontramos um sentido de direção (seta do tempo), em vista do crescimento da complexidade e, por meio dela, de formas mais altas e ordenadas de vida, convergências e finalidades que constituem valores e excelências a serem realizadas na vida pessoal, comunitária e social; encontramos na natureza a convivência, a adaptação, a tolerância e a solidariedade entre todos, fatos que inspiram atitudes fundamentais para a existência humana pessoal e social; encontramos possibilidades de regeneração, utilização ótima de todos os recursos, ausência de dejetos e demonstração da sinergia e encontramos a manifestação do todo na parte e a inserção da parte no todo, visão que foi perdida no nosso mundo da atomização, da racionalização e da tecnificação dos projetos humanos.[6]

Codificados de outra forma, os aspectos indicados por Boff no campo da forma de compreensão humana atual da natureza apresentam grande transversalidade com os padrões naturais da criação, transformação, homeostase, troca, ordem, conhecimento e evolução, exemplificados anteriormente em diferentes níveis.

É interessante notar que a religação com a natureza a partir da percepção subjetiva desses padrões gerou ao longo da história e das civilizações – e gera ainda hoje – mitos, lendas e divindades, os quais contribuem, em diferentes dimensões, para a formação de arquétipos humanos.[17,26]

Parvati, para os hindus; Danu, para os celtas; Namur, para os antigos sumérios; Frigga, para os vikings; Iemanjá, na cultura iorubá e na umbanda; e Mama Cocha, entre os quéchuas e demais culturas da costa oeste da América do Sul, representam divindades da criação. Mães criadoras e zelosas dos seres vivos, relacionando-se em geral ao mar, onde a vida começou.

A transformação é sentida e reverenciada em Nanã Buruquê e Obaluaiê, na umbanda, em Hécate para os gregos antigos, em Taliesin, para os celtas, em Holda para os antigos germânicos, em Shiva para os hindus e em Baba Yaga nos países eslavos. Senhores e senhoras das profundezas dos lagos, dos sedimentos ou da morte, sem o que a vida não se transforma.

O padrão da homeostase, associado ao equilíbrio dinâmico das forças da natureza, dos raios, trovões, ventos, rochas e fogo é percebido em Agni, para os hindus, em Tlaloc, entre os astecas, em Taranis e em Brighid, para os celtas e em Xangô e Iansã, na umbanda e na cultura iorubá.

Oxum, Afrodite, Lakshmi e Freyja são respectivamente, na cultura iorubá, grega, hindu e nórdica, representações divinas do amor, do fluxo, da prosperidade, da troca. Têm geralmente nas fontes e nos rios as suas moradas.

O padrão da ordem, associado ao foco, ao direcionamento, à abertura de caminhos e à guerra é associado a Ganesha entre os hindus, a Odin entre os vikings, a Huitzilopochtli entre os astecas e a Ogum, na umbanda e na cultura iorubá.

Deméter e Quíron, para os gregos; Sarasvati, para os hindus; Minerva, para os romanos; Oghma, para os celtas, Saga, para os escandinavos e Oxóssi, na umbanda, são divindades do conhecimento, da percepção e da sabedoria, associando-se ao padrão do aprendizado.

A floresta ou a fertilidade da terra estão em geral associadas às suas representações.

Finalmente, o padrão da evolução, associado ao crescimento espiritual e à fé, manifesta-se no culto a Brahma, entre os hindus; a Rá, no Egito antigo; a Inti, entre os quéchuas e a Oxalá, na umbanda e na cultura iorubá.

Além da relação entre os padrões da natureza e divindades, essa associação também é feita na prática da cura de doenças, em várias culturas. No xamanismo indígena brasileiro, por exemplo, são muitas as relações entre plantas, ambientes e divindades, evocadas ou preparadas para a cura e de forma específica em relação ao problema de saúde diagnosticado.

Em diferentes linhas das milenares medicinas chinesa e indiana, parte da cura está associada ao equilíbrio dos chacras, centros de recepção e distribuição de energia localizados no corpo, em associação fisiológica com os sistemas orgânicos e com campos energéticos.[69,77] De forma resumida, o chacra básico, localizado na base da coluna vertebral, está associado ao funcionamento do sistema reprodutor e à energia de criação; o chacra umbilical está associado ao sistema digestório, ao sistema urinário e à energia da transformação; o plexo solar, localizado na altura do diafragma, está associado ao equilíbrio entre os vários chacras e ao sistema hormonal, grande responsável pela homeostase corporal; o chacra cardíaco, no coração, está associado ao sistema circulatório e ao sistema respiratório, às trocas gasosas e ao fluxo dos nutrientes e da água pelo corpo; o chacra laríngeo está relacionado às vias aéreas superiores e à fala, ao foco, ao direcionamento; o chacra frontal, na testa, relacionado ao sistema nervoso, ao pensamento e à aprendizagem; e o chacra coronário, no topo da cabeça, é relacionado à intuição e a conexão com o universo.

Não é a intenção, aqui, detalhar aspectos religiosos, filosóficos ou de cura relacionados a nossa conexão com os padrões da natureza, até porque me faltaria conhecimento teológico, antropológico e terapêutico para essa jornada. Mas não deixa de ser no mínimo curioso perceber algumas diferentes abordagens e caminhos trilhados pela humanidade nessa conexão.

De qualquer maneira, conforme discutimos anteriormente, é fácil perceber que criação, transformação, homeostase, ajuda mútua, ordem, aprendizado e evolução são padrões que permearam a formação dos sistemas vivos, se manifestam nas plantas e animais e se refletem nas florestas. É possível identificar tais padrões nos mais variados ecossistemas. É possível percebê-los em cada espécie e em cada indivíduo. Como animais que somos, enquanto seres humanos, o comportamento de nossas células, tecidos, órgãos e sistemas – bem como nosso comportamento individual – tende a ser influenciado pela expressão desses padrões. Afinal, será que o encéfalo altamente desenvolvido e o polegar opositor – características diferenciais dos humanos em relação a outros animais – seriam suficientes para nos tornar alheios a esses padrões? Será que nossa vontade deliberada de afastamento da natureza, no processo civilizatório, é capaz de eliminar de fato a natureza em nós?

Um simples olhar sobre nossas capacidades, enquanto humanos, deixa claro que a resposta é negativa. Independentemente de qualquer abordagem filosófica, religiosa ou científica, não é difícil identificar que, além de todos os nossos sistemas orgânicos (reprodutivo, respiratório, digestório etc.) trabalharem de forma semelhante aos demais animais, nossa relação com os outros e com o ambiente também expressa padrões comuns na natureza.

Criamos, transformamos, buscamos equilíbrio e conforto, nos ajudamos, ordenamos, aprendemos e evoluímos (individual e socialmente). Nosso diferencial talvez seja a aplicação desses padrões não somente para o benefício coletivo de um tecido, um órgão, um organismo, um ecossistema ou da biosfera – como faz cada célula, cada planta e cada animal. Em nosso processo de afastamento intencional da natureza, temos deturpado um tanto sua aplicação, em meio à valorização do egoísmo, da competição e da falta de cuidado. Porém, ainda que busquemos muitas vezes negar nossa maternidade, não deixamos de ser filhos da mesma natureza, mãe de todas as formas de vida.

Estamos constantemente a criar. Criamos e cuidamos de nossos filhos e filhas, como todos os organismos, em maior ou menor intensidade. Mas não só. Criamos música, pintura, literatura, escultura e toda a forma de arte, que embeleza nossa alma. Criamos ferramentas que auxiliam nossa vida. Criamos hipóteses e teorias que ajudam a explicar as coisas. Criamos ciência e tecnologia, que permitem amplificar em todos os sentidos a experiência da vida humana. Mas criamos também mecanismos de exploração de indivíduos de nossa própria espécie (e somos a única espécie que faz isso); criamos preconceito, soberba e tantas outras expressões do egoísmo.

Temos uma imensa capacidade de focar, de estabelecer objetivos, de ordenar as coisas. Fazemos projetos a todo o instante, de prédios, de lavouras, de máquinas, de viagens ou de estudos. Projetamos também, a cada manhã, o nosso dia. E uma vez projetado, ordenamos todas as atividades necessárias para os objetivos definidos. Empenhamos, então, grande parte de nossa energia nesses projetos, de forma mais ou menos consciente. Os produtos e serviços que são gerados em sua implementação costumam ser úteis a toda a sociedade. Entretanto, também projetamos a guerra e suas máquinas de morte, bem como as estratégias de poder político de uns sobre os outros.

A força que temos para nos empenhar em nossos projetos vêm da busca por equilíbrio, por conforto, por aquilo que poderíamos chamar também de homeostase. Juntando nossa capacidade de criar e de ordenar as coisas com essa força, buscamos garantir nossa segurança alimentar, criando caminhos para que a comida chegue todo dia a nosso grupo familiar. Assim como qualquer célula, estabelecemos limites de nosso lar com o ambiente externo, onde nos protegemos da chuva, do vento e do frio e onde nos permitimos estabelecer relações familiares mais estáveis, em um espaço seguro. Infelizmente, ao buscar nosso equilíbrio de forma desarticulada da homeostase de todos os seres, temos esgotado fontes de recursos naturais, modificado o clima e causado extinção de espécies, além de exclusão social. Continuamos acreditando que o conforto individual não tem limites de possibilidades, mesmo que isso represente um crescente desconforto coletivo.

Como seres gregários que somos, buscamos viver em sociedade, estando ela repleta de mecanismos de troca e ajuda mútua. Ao longo da história, seja qual for o sistema econômico das comunidades ou países, a troca de produtos e serviços tem sido a forma de sustentação das pessoas. Mas as trocas que fazemos são maiores: de afetos, o que nos gera a alegria de estar junto com quem amamos; de sonhos, o que permite a agregação de pessoas com sintonia de ideais; de conhecimentos e saberes, o que facilita a evolução intelectual e a vida coletiva. Mesmo assim, também podemos trocar rancores e desesperanças, criando sectarismos e dogmas que reduzem as possibilidades de integração – e de acoplagens estruturais – uns com os outros.

Em nosso cotidiano, estamos sempre a transformar elementos. Nossa cozinha é o lugar mais didático para essa percepção. Todo dia, transformamos ingredientes variados em diferentes formas de comida. Se pensarmos em como cada um desses ingredientes foi produzido e como chegou a nossa casa, a lista de processos de transformação necessários é longa. Transformamos também paisagens e ambientes, colocando cidades onde havia floresta e fazendo chegar gás, energia elétrica e água às casas e apartamentos, em sistemas complexos. Entretanto, na ilusão da ideia de um planeta ilimitado em seus recursos naturais, acabamos por transformar também seus solos, lençóis freáticos e oceanos, através da erosão e contaminação química. Acabamos também por transformar o próprio clima, de forma muito rápida, gerando eventos climáticos extremos em cada vez maior intensidade e colocando várias espécies em grande risco de extinção.

Ao viver, estamos sempre aprendendo, como todo ser vivo em meio ao ambiente. Desde quando somos um feto, aprendemos o que é ruim e o que é bom para nós, ao nos relacionarmos com as pessoas e com o ambiente que nos cerca. Assim, estabelecemos as características de nossa personalidade e nos tornamos originais, cada um com "a dor e a delícia de ser o que é", nas palavras de Caetano Veloso. Mas nosso aprendizado vai além. Temos sede de saber. E vamos racionalizando, codificando e estruturando nosso conhecimento ao ponto de criarmos nossas próprias lentes para ver o mundo e, a partir delas, modificá-lo. De fato, somos a única espécie capaz de alterar as estruturas do mundo, a partir da aplicação do que aprendemos. O padrão de aprendizado é, sem dúvida, o que mais buscamos destacar como espécie, em especial desde o "penso, logo existo", de Descartes. Todavia, ao nutrir ansiosamente nosso jeito de pensar de forma desconectada de nossa integralidade com a natureza, nos esforçamos para crer que não somos seres naturais como os outros e, nesse esforço, nos viciamos na ilusão de que somos senhores do universo. Hoje sofremos, por assim dizer, os efeitos colaterais de pensar de forma desconectada, criando caminhos para nossa própria desintegração.

Cada um de nós, quando vive, contribui para a sociedade humana. Desde o surgimento da vida humana na Terra, criamos, transformamos, buscamos formas mais estáveis de viver, trocamos, amamos, projetamos e aprendemos. Assim, cada um de nós, ao longo da vida, evolui no jeito de perceber o mundo e na forma de se relacionar com ele. Nossa vida em sociedade também reflete esse processo, como produto de sucessivas evoluções individuais. Apenas para citar um exemplo: quando lançamos um olhar sobre o passado, percebemos que a escravidão e a barbárie integravam as relações humanas. A tirania de reis e senhores, acima de qualquer lei, imperava sobre muitas comunidades. Hoje, evoluímos em leis e códigos de conduta, que nos permitem maior harmonia e respeito uns com os outros, e que são fruto de nossa evolução como sociedade. Evoluímos também na arte, na ciência e em tantos outros campos. Porém, há retrocessos. Por vezes damos margem à tirania, à falta de ética e à estigmatização cultural, de gênero ou racial nos sistemas de organização política que criamos. Vemos ressurgir sistemas totalitários e perversos a dominar, temporariamente, organizações políticas de comunidades e países, sistemas que também são frutos da expressão humana individual e coletiva. Apesar dessse tipo de retrocessos, algo nos impulsiona sempre a evoluir, passo a passo, para uma sociedade que se quer mais justa, mais solidária e mais feliz. E é nesse impulso que muitos de nós temos nos reaproximado da natureza, dentro e fora de nós – que aliás, como refletimos, é a mesma coisa.

Voltando para casa

Há muitas formas de percebermos as forças da natureza atuando em nós e de buscarmos, em nossos modos de vida, sua expressão. Entre essas formas, a produção de alimentos talvez seja uma das mais didáticas. Quando limpamos nossas lentes para enxergar melhor e nos despimos da soberba acumulada por processos intencionais de separação da natureza, podemos perceber que não precisamos domesticar totalmente as espécies e paisagens para a produção agrícola.

Aprendemos que os processos ecológicos – que as forças da natureza – que geram tanta abundância e diversidade nas florestas, podem também ser responsáveis pela produção de nossos alimentos, desde que nos solidarizemos a eles, ao passo que incluímos espécies e técnicas adequadas de manejo. É isso que milhares de agricultoras e agricultores vêm fazendo ao produzir alimentos e ao terem seus modos de vida relacionados ao campo da agroecologia.

Nesse processo solidário, nos permitimos reconectar com os padrões de criação, transformação, homeostase, ajuda mútua, ordem, aprendizado e evolução, revitalizando nossa relação imediata com a natureza. É dessa forma que preparar a terra, semear, podar, adubar e colher podem se transformar em ferramentas pedagógicas. É assim que fazer agricultura, em conjunto com as florestas, pode representar uma pedagogia de reconexão.

TERCEIRA PARTE

Reconectando

Na floresta não há essa substituição da vida, ela flui, e você, no fluxo, sente a sua pressão. Isso que chamam de natureza deveria ser a interação do nosso corpo com o entorno, em que a gente soubesse de onde vem o que comemos, para onde vai o ar que expiramos. Para além da ideia de "eu sou a natureza", a consciência de estar vivo deveria nos atravessar de modo que fôssemos capazes de sentir que o rio, a floresta, o vento, as nuvens são nosso espelho na vida.

Ailton Krenak

Praticando uma pedagogia de reconexão

Nos últimos tempos, em meio a tanta devastação ambiental gerada como consequência da desconexão humana com a natureza, milhões de pessoas vêm buscando se reconectar, asfixiadas pela fumaça dos centros urbanos e pela desilusão do consumo ilimitado como sinônimo de felicidade.

Nesse rumo de 'volta para casa', muitos têm encontrado na agricultura a 'fisioterapia', praticada diariamente, que vai reconectando o que a fratura metabólica insiste em quebrar. Desse modo, o resgate de jeitos diferentes de produzir alimentos encontra grande conhecimento acumulado, que vai se amplificando no campo das trocas e da solidariedade da agroecologia. Encontra também muita gente, que é agricultora 'desde sempre', assim como seus pais e avós. Gente da agricultura familiar camponesa, de comunidades tradicionais e de Povos Originários, que segue produzindo alimentos junto com a natureza, com a resiliência e a resistência dela própria, mesmo com tantas investidas do pensamento colonial. Recentemente, esse caminho tem se mesclado ao que tem se chamado de agricultura regenerativa, em várias partes do mundo.[53]

Esse caminho de volta não é único – como qualquer caminho de verdade. Depende de quem caminha e da forma como o faz. Nas cidades, a agricultura urbana de hortas ou agroflorestas comunitárias traz o alimento e a solidariedade mais próximos de casa e gera empoderamento e autonomia; nas ecovilas, os princípios e práticas da permacultura têm guiado, muitas vezes, as construções e as práticas agrícolas; em milhares de fazendas pelo mundo, práticas de agricultura orgânica vêm substituindo, gradativamente, a aplicação de adubos químicos sintéticos e agrotóxicos; em muitas comunidades tradicionais, o resgate de seus próprios conhecimentos ancestrais de forma articulada a práticas agroflorestais têm sido um jeito de manter seus modos de vida, incluindo a de suas novas gerações. E assim por diante. Não há receita de caminho, pois como nos lembra o poeta Antonio Machado, "o caminho se faz ao caminhar".

É urgente, entretanto, buscar caminhar de um jeito que vá transformando, verdadeiramente, as relações entre os humanos uns com os outros e também com a natureza. Frente à crise ambiental e civilizatória atual, não se trata, como alerta Edgar Morin,[55] de buscar receitas de outros momentos históricos: trata-se da necessidade de transformar de fato a sociedade, transformando inclusive o próprio jeito de transformar.

Essa transformação passa por limparmos nossas lentes para perceber o mundo com mais naturalidade e mais humanidade. Afinal, somos isso – natureza e humanidade. Porém, andamos viciados em construções mentais e sociais de egoísmo, soberba e separação. Se não buscarmos nos livrarmos desse vício, podemos caminhar muito e chegarmos ao mesmo lugar de origem.

Infelizmente, é o que se tem visto muitas vezes. Sem buscar transformar de fato nossa relação com a natureza, vemos monoculturas imensas com elevado impacto ambiental serem chamadas de agricultura orgânica, implementadas com a mesma concentração de capital e pelas mesmas grandes empresas de insumos agrícolas, porém diferenciando-se agora apenas por sua origem orgânica ao invés de sintética. Vemos várias ecovilas serem dominadas pelo egoísmo e sectarismo. Vemos divisão e críticas ferozes ao jeito de outros caminharem de volta para casa, como se os jeitos diferentes de fazer agricultura estivessem em uma competição, tal qual um campeonato de futebol.

Os aspectos ecológicos e os padrões dinâmicos da natureza discutidos neste livro podem ser aplicados na produção de alimentos de múltiplas formas e escalas, desde um pequeno quintal a lavouras comerciais. São aspectos inclusive que direcionam as agriculturas invisíveis e alternativas (trazidas na primeira parte, "Falando de agricultura"), na medida em que não propõem a domesticação completa das espécies e das paisagens.

Na vivência da agricultura, o envolvimento humano com a natureza se dá na prática, na dinâmica entre a observação dos processos naturais e as intervenções para a produção. E ao praticar as forças da natureza na produção de alimentos podemos ir nos tornando mais próximos dela – e de nós mesmos. Essa é a hipótese do que estamos chamando aqui de uma pedagogia de reconexão: recordar como é ser natureza, a partir da reconexão gradativa da fratura metabólica, por meio da produção de alimentos e de nosso aprendizado nesse processo.

Os padrões que a natureza utiliza em todos as células, organismos e ecossistemas também estão em nós. Não pensamos necessariamente sobre eles, mas eles estão lá. É como a respiração ou o jeito de caminhar: não pensamos em respirar e nem em colocar um pé após o outro. Fazemos isso de forma inconsciente.

Entretanto, por vezes descobrimos que não estamos respirando adequadamente ou que ao caminhar com calçados inapropriados estamos criando problemas de coluna. Passamos, então, a fazer exercícios de respiração e de adequação postural, conscientemente, para que tais processos possam ser mais saudáveis.

Ao buscarmos a produção de alimentos como uma pedagogia de reconexão, um caminho possível é procurar utilizar, conscientemente, esses padrões como ferramenta. Para isso, podemos direcionar nossas práticas agrícolas a partir de perguntas orientadoras em relação a sua aplicação, tais como:

- Como posso trabalhar o padrão da criação nesse cultivo?
- Como posso melhorar os processos de transformação?
- Como posso intervir para que haja cada vez mais homeostase do sistema?
- Que estratégias posso usar para que as plantas e animais de meu cultivo possam desenvolver cada vez mais propriedades emergentes e praticar cada vez mais a ajuda mútua?
- Como posso organizar designs de plantio e direcionar atividades de forma escalonada no tempo e no espaço?
- O que posso aprender, todo dia, com o cultivo? Como posso fazer do ato de plantar uma escola?
- Como posso contribuir para deixar o espaço da produção de alimentos cada vez mais fértil e diverso?

Buscar estas respostas e aplicá-las em forma de práticas agrícolas é manejar o agroecossistema que estamos implementando, seja ele um pequeno canteiro, uma horta urbana, um quintal agroflorestal ou uma fazenda. E, ao fazer isso, estamos exercitando os padrões naturais que existem em nós, em um diálogo constante com os mesmos padrões nas plantas e no sistema como um todo. Estamos, dessa maneira, fazendo nossa acoplagem estrutural no ambiente, contribuindo com nossa parte para a geração de novas propriedades emergentes e agregando, assim, a produção de alimentos.

Como em qualquer diálogo, o primeiro passo é ouvir e observar o que a dinâmica florestal está nos contando, no ambiente em que vamos plantar. Para isso, é preciso acostumar os olhos e os ouvidos. É importante identificar, sem pressa, como estão acontecendo as acoplagens estruturais entre as espécies do sistema, que propriedades emergentes estão sendo geradas e como está se dando o processo de sucessão ecológica.

Quais as combinações de plantas que ocorrem? Como elas estão consorciadas? Que características têm essas plantas? Como é a variação do solo e a variação da vegetação em relação ao relevo? De que forma a floresta está acumulando biomassa e energia naquele local? Como a água flui no ambiente? Como são os ventos? Como é a variação de temperatura e das chuvas ao longo do ano? Para buscar responder perguntas como essas, podemos também recorrer a algumas ferramentas, tais como análises de solo ou da vegetação, a partir da ocorrência de plantas indicadoras de diferentes condições de fertilidade. Mas é importante ir além, buscando interpretar, de várias maneiras, o que o ambiente está nos informando quanto ao jeito em que as forças da natureza estão ali atuando, para que nossa agricultura possa fazer parte do rumo de evolução daquele local.

Em outras palavras, nesse processo de escuta, é importante utilizar como formas de codificação os padrões dinâmicos da natureza. É fundamental ouvir, daquele ambiente: como a dinâmica natural está criando? Como está transformando? Como está equilibrando? Como está trocando? Como está se direcionando? Como está aprendendo? Como está evoluindo?

Na agricultura convencional, temos nos esquecido um tanto de dialogar com o ambiente, de fazer perguntas como essas. Em nossa condição de separação dos processos naturais, conscientemente ou não, não nos importamos muito com o que o ambiente tem a dizer, pois buscaremos de qualquer forma substituir as forças da natureza no rumo da diversidade e da complexidade por máquinas, adubos, irrigação e agrotóxicos. Ouvir o ambiente, portanto, é um hábito que precisamos recordar e, ao fazer isso, começaremos a exercitar conscientemente os próprios padrões dinâmicos da natureza.

É importante, também, dialogar com a história de nossas acoplagens estruturais naquele ambiente. Explicando melhor: é importante entender nossa história humana em determinada região; como são os sistemas produtivos; que espécies se "dão bem" em cada local; quais as técnicas de plantio comuns no local; enfim, como as comunidades que ali vivem se relacionam com o ambiente. Saber ouvir e aprender com as histórias e os saberes de quem vive no lugar são também estímulos a nossa potencialidade de reconexão.

Nesse processo de diálogo com o ambiente e com as histórias, é fundamental refletir sobre como estamos chegando para essa conversa. Qual nosso objetivo ao cultivar? Segurança alimentar? Fonte de renda? O que temos de conhecimento acumulado? Qual nossa disponibilidade de tempo e de recursos? Quais as nossas capacidades, ou seja, temos as habilidades e as ferramentas adequadas? Como são as instalações e benfeitorias de que dispomos? Temos possibilidades de beneficiamento da produção? Como é o acesso ao mercado para vender os produtos? Quais são as opções de comercialização ou de promoção de cadeias solidárias?

E, finalmente, para que nossa acoplagem estrutural se estabeleça a partir da produção de alimentos, é fundamental aprender e utilizar técnicas adequadas, muitas delas já desenvolvidas há muito tempo e outras em processo de construção. Enfim, é muito importante aplicar conhecimentos em forma de tecnologias adaptadas, associando o diálogo que mencionamos acima com a experiência de pesquisa e desenvolvimento acumulada em diferentes processos produtivos e regiões. O conhecimento sobre essas tecnologias está em livros, cursos e palestras, muitas vezes disponíveis, de forma gratuita, na internet. Está também nos relatórios técnicos e artigos científicos de instituições de pesquisa, bem como na assistência técnica apropriada e na troca de saberes com outros agricultores.

Nas próximas páginas, uma possível acoplagem estrutural com base nessa abordagem será exemplificada a partir da prática agroflorestal, no campo da agroecologia. A aproximação entre agricultura e florestas que a agrofloresta proporciona facilita essa exemplificação, em especial a partir dos princípios e práticas da agricultura sintrópica.[15,67,83] Afinal, fazer agrofloresta é, em última análise, aplicar o conhecimento sobre a ecologia da floresta e sobre os padrões da natureza para a produção de alimentos.

Além disso, plantar agroflorestas tem sido de fato um jeito de produzir alimentos com elevada produtividade e capaz de transformar as paisagens agrícolas do mundo. Nos últimos anos, há cada vez mais trabalhos científicos, livros e apostilas apontando os jeitos do "como fazer" agroflorestal e seus resultados econômicos, produtivos, sociais e ambientais.

Produzir no mesmo espaço e ao mesmo tempo em que se conserva e se amplifica a biodiversidade, a proteção do solo, a ciclagem de nutrientes, a dinâmica da água, a fixação de carbono atmosférico, a cultura local, a segurança alimentar, a renda e a aproximação com os consumidores é algo que a agrofloresta, no campo da agroecologia, de fato tem feito. Nesse caminho, tem se demonstrado como fazer acoplagens estruturais entre o ser humano e a natureza, a partir da busca da utilização de suas forças no processo produtivo.

Dessa forma, a proposta aqui é refletir sobre o uso dos padrões da natureza na prática agroflorestal e, ao mesmo tempo, apontar, ainda que de forma ampla, para seus princípios e práticas, no sentido de estimular cada vez mais sua aplicação.

Criando junto com a fotossíntese

Como discutido na segunda parte deste livro, a fotossíntese é a biotecnologia fundamental para a criação de praticamente todas as formas de vida no planeta. Desenvolvida há bilhões de anos, veio a possibilitar a acumulação de energia e a produção da biomassa capaz de gerar alimento para os seres vivos.

Via fotossíntese, o carbono presente em forma de gás na atmosfera é transformado em glicose nas plantas. Com glicose, a planta faz amido, celulose, hormônios vegetais e todas as substâncias de que precisa, muitas vezes agregando nutrientes que capta do solo. Qualquer um que coma vegetais (ou coma animais que comeram vegetais) está, indiretamente, comendo o carbono que veio da atmosfera – e com ele produzindo também a maior parte de sua biomassa e das substâncias necessárias ao metabolismo. O carbono é, de longe, o elemento químico em maior quantidade em todos os organismos.

Mas além de gerar comida e a biomassa de quase todos os organismos, a fotossíntese permite acumular a energia solar em forma de energia química. Quando a glicose é sintetizada a partir de moléculas de gás carbônico, a planta usa energia solar para ligar os átomos de carbono. E quando a planta precisa de energia para crescer, brotar, produzir flores ou qualquer outra atividade, "quebra" essas moléculas de glicose (via respiração celular) e usa dessa energia solar acumulada. Todos os animais, quando comem plantas, fazem o mesmo: digerem as substâncias criadas pelo vegetal, formando novamente glicose. Levam essa glicose para as células e ali, dentro das mitocôndrias, usam o oxigênio que veio da respiração para liberar a energia que une os átomos de carbono. Se comemos carne de aves, bovinos ou de qualquer animal, fazemos o mesmo processo, a partir da energia e biomassa acumulada nesses animais proveniente de sua alimentação herbívora. Com essa energia, caminhamos, pensamos, trabalhamos... Ou seja, vivemos.

Quando percebemos um organismo florestal – e não somente as plantas em separado – vemos que ele está empenhado em fazer o máximo de fotossíntese possível. Gerar comida e energia está entre os principais serviços de uma floresta ao organismo planetário. Ao olharmos uma floresta de cima, é fácil identificar que seu "teto" (ou dossel) está praticamente todo coberto, em uma acoplagem estrutural das copas das árvores, cada qual captando o máximo de energia solar. Quando entramos na floresta, percebemos que a busca por esta máxima captação de energia está também entre os vários "andares" ou estratos da floresta, sendo cada espécie adaptada a captar luz em diferentes comprimentos de onda e, portanto, convivendo com a sombra em maior ou menor intensidade e direcionando suas brotações novas para os locais com maior incidência luminosa. Logo depois que uma clareira é aberta, a floresta se empenha em usar rapidamente o "espaço de luz" criado, a partir em especial das espécies pioneiras. Além disso, as clareiras, como já vimos, são muito frequentes em florestas tropicais e, cada vez que uma é formada, há concentração de energia e de biomassa para que a vida se estabeleça em níveis mais complexos.

Na floresta, as potencialidades diferentes de cada espécie na eficiência fotossintética são combinadas com suas adaptações a acoplagens estruturais. Assim, nessa busca pela eficiência na produção de biomassa e energia, o organismo florestal lança mão das espécies mais adaptadas a cada condição de luminosidade, umidade, relevo e características do solo, entre vários outros aspectos.

O tempo todo, ao viver, as plantas do organismo florestal estão ofertando comida e energia a insetos, aves, morcegos, cotias, pacas e tantos outros animais, a partir de suas flores, frutos e folhas. Porém, para além disso, as plantas garantem também a sustentação do organismo como um todo a partir da mobilização dos organismos do solo: quando caem folhas e galhos no chão, bactérias, fungos, nematoides e vários outros grupos de espécies transformam essa biomassa em substâncias nutritivas, tanto para si próprios quanto para todo o organismo florestal. Quando uma clareira é aberta, esse processo é momentaneamente concentrado, no esforço em transformar rapidamente as árvores caídas em melhores condições de sustentação do organismo florestal.

É importante lembrar, todavia, que as plantas não fazem fotossíntese apenas com luz chegando sobre suas folhas e gás carbônico no ar. É preciso que o gás carbônico penetre nas folhas para que possa ser utilizado; é preciso, também, que haja água nelas, para que reajam com o gás carbônico. Os "poros" por onde entra o gás carbônico – os estômatos – só ficam abertos se há um bom suprimento de água na planta e temperatura adequada, o que também só acontece quando há uma boa proteção do solo contra a erosão e o ressecamento, o que por sua vez só acontece quando o organismo florestal, a partir de suas várias plantas, atua também. Ou seja, a eficiência fotossintética de cada planta depende do trabalho conjunto de todo o organismo florestal.

Esse trabalho coletivo vai sendo cada vez mais amplificado a partir de propriedades emergentes e de novas acoplagens estruturais ao longo da sucessão ecológica, o que vai organizando a energia e a biomassa em níveis cada vez mais complexos.

Como podemos, como seres humanos, melhorar ainda mais a eficiência fotossintética de um organismo florestal no qual estamos nos propondo a implantar uma agrofloresta? Em outras palavras, como podemos nos conectar ao padrão de criação expressado pela fotossíntese, contribuindo com nossa atuação para que esse organismo produza ainda mais comida e disponibilize ainda mais energia e, assim, gere também nossos alimentos?

Um primeiro aspecto a considerar é que precisamos reduzir o pensamento individualista e desintegrado: não há como querer adubar só as plantas de interesse em meio a um sistema que prima pela diversidade e pela abundância. Seria como, em uma analogia simples, criar mecanismos para direcionar a digestão de alimentos e o fornecimento de nutrientes apenas ao coração ou ao rim no corpo humano. Por absurdo que possa parecer, como já discutimos anteriormente, esse caminho de separação e desintegração foi o assumido pela agricultura hoje hegemônica no mundo.

É fundamental considerarmos o espaço em que estamos produzindo alimentos como um espaço de diversidade, no rumo à abundância. Com essa perspectiva em mente, ao implantar uma agrofloresta é muito importante valorizar todo o esforço de acúmulo de biomassa e energia já realizado pelo organismo florestal em um determinado espaço. Para isso, ao invés de capinar e arar o solo, podemos podar ou roçar as plantas ali existentes. Depois, é importante picar o material podado e cobrir, com ele, a superfície.* Dessa

---

* Antes de fazer essa cobertura, porém, é importante preparar minimamente o solo e fazer o plantio (práticas que serão detalhadas posteriormente). Assim, após a biomassa ali existente ser podada e picada, é importante separá-la para aplicação posterior.

forma, estamos aproveitando a energia e as substâncias já formadas naquele organismo para ajudar a sustentar a sucessão, as propriedades emergentes, as acoplagens estruturais e a crescente organização da energia nessa agrofloresta.

Porém, mais do que utilizar o esforço anterior do organismo florestal para a produção de energia e biomassa, podemos incrementá-lo, inserindo espécies adaptadas à melhor eficiência fotossintética em áreas abertas. Como já exposto, as gramíneas são especialistas em produzir muita biomassa em curto período e a pleno sol. Além disso, rebrotam em geral muito bem após vários cortes.

Podemos dividir, então, nosso espaço de plantio entre os canteiros – nos quais plantaremos várias espécies – e as entrelinhas (espaços entre os canteiros), nas quais nosso objetivo é aumentar a capacidade fotossintética do organismo agroflorestal, gerando comida e energia para o sistema. Nessas entrelinhas, planta-se capim, podendo agregar leguminosas e outras espécies, o que favorece a fixação de nitrogênio e a diversidade do sistema.

O tamanho da área das entrelinhas vai depender, justamente, de uma combinação entre a quantidade de biomassa necessária para ser produzida em dado espaço com as condições de fertilidade, diversidade e abundância daquele sistema, no início de implantação. Seja qual for a combinação de espécies nas entrelinhas, seu objetivo, como já sabemos, é gerar biomassa e energia para o sistema em sua fase inicial. Para tanto, cortam-se frequentemente as folhas das entrelinhas colocando-as sobre os canteiros agroflorestais. Ao fazer isso, estamos também imitando as florestas em seu padrão de criação: nas clareiras – "motores da biodiversidade" das florestas tropicais – há uma concentração temporária de energia e biomassa, favorecendo a rápida regeneração daquele espaço. Nas agroflorestas, os canteiros agroflorestais são esse espaço de concentração, acumulando rapidamente a biomassa e a energia organizadas de forma muito eficiente pelas gramíneas.

Em assentamentos de reforma agrária do Paraná e São Paulo, avaliou-se a produção de biomassa nas entrelinhas e aplicada sobre os canteiros agroflorestais, em agroflorestas no início de implantação. Foi plantado capim mombaça, em entrelinhas que variaram de 3,5 a oito metros de largura. Nos dois primeiros anos, foram feitos de três a cinco cortes de capim. A cada corte, toda a biomassa cortada era colocada sobre os canteiros. A cada trimestre, analisou-se a quantidade de biomassa sobre os canteiros, a qual se manteve em média em quatro quilos de massa seca por metro quadrado (o que equivale a aproximadamente seis a dez quilos de biomassa verde). Isso representa 300 a 500 toneladas de biomassa verde por hectare, aplicada anualmente sobre os canteiros.[15] Esses resultados mostram como é possível não só concentrar biomassa e energia, como acontece nas clareiras, mas também produzir uma grande quantidade de biomassa para disponibilização de substâncias e de energia ao sistema, já no início de implantação das agroflorestas, no mesmo espaço da produção de alimentos.

Os capins vivem muito bem a pleno sol e, assim, servem para "adubar" o sistema nos primeiros anos da agrofloresta. Porém, conforme os arbustos e árvores vão crescendo, passam a fazer sombra nas entrelinhas. Então, o capim vai saindo do sistema, gradativamente. Já a partir do terceiro ou quarto ano, começa a faltar capim para produzir e concentrar biomassa. Por isso, entre as espécies a serem plantadas na agrofloresta, é muito importante incluir espécies adubadeiras, ou seja, espécies que produzam grandes quantidades de biomassa em forma de galhos e folhas e que permitam podas e rebrotes, ao longo do tempo. A aroeira, a amoreira, a bananeira, o cinamomo e muitas outras espécies cumprem muito bem esse papel. Essas árvores podem ser plantadas nos canteiros agroflorestais ou em canteiros intercalados, com função justamente de produção de biomassa e energia para disponibilização para o sistema, a partir das podas frequentes.

Utilizar a biomassa e energia acumulada na área antes da implantação da agrofloresta e plantar capins e espécies adubadeiras para produzir e disponibilizar energia e biomassa ao longo do tempo são mecanismos de acoplagem estrutural com o padrão de criação que permeia a natureza, na prática agroflorestal. É importante lembrar ainda que, durante esse processo, o solo está sempre sendo coberto. Afinal, faz parte do padrão de criação a proteção do solo, servindo a matéria orgânica tanto como fonte de energia e biomassa quanto como uma cobertura para a vida microbiana, evitando a insolação, o aumento de temperatura, a perda de água e a erosão. Mas essa acoplagem com o padrão de criação se dá também quando buscamos estimular a produção de biomassa e o acúmulo de energia nas próprias plantas que se quer produzir, nos canteiros agroflorestais.

Afinal, o que se quer é que cada planta trazida ao sistema esteja confortável, com estômatos abertos a maior parte do dia, com acesso a água e nutrientes em um solo estruturado e permeável e recebendo a quantidade de luz necessária para sua fotossíntese. Para isso, além do cuidado em produzir e concentrar biomassa o tempo todo e de manter o solo constantemente coberto, é importante que cada espécie plantada esteja no andar (ou estrato) adequado da agrofloresta. Quando por exemplo a pupunha, o cacau e o café dividem o mesmo espaço horizontal, mas ocupam com suas copas diferentes estratos verticais, há luz adequada para todos, além da proteção de uns aos outros. Quando plantamos árvores no pé da mandioca, esta vai proteger suas mudas no primeiro ano. Dessa forma, na sucessão de consórcios de uma agrofloresta, uma planta vai "criando" a outra.*

Novamente, é o padrão de criação a nos guiar o cuidado com a agrofloresta. Gerar comida e proteção é o que faz todo organismo vivo. Desde a autopoiese de uma célula ao funcionamento de uma floresta, a natureza age tendo a criação constante como um de seus padrões. É o que fazemos, também como humanos, quando cuidamos uns dos outros. Assim, cuidar e criar em conjunto com a natureza, na agrofloresta, é praticar esse padrão, ajudando a não nos esquecermos de sua utilização em nossas relações.

Uma coisa depois da outra... mas todas no rumo da complexificação, da diversidade e da abundância

Como vimos anteriormente, sem a organização dos lipídios nos oceanos, não se formariam células; sem o crescimento vertical das plantas, não se formariam galhos; é da nervura central que partem as nervuras secundárias das folhas; a sucessão ecológica das espécies, na floresta, depende das espécies pioneiras. Em todos os sistemas vivos, a ordem, como expressão do foco e do direcionamento – é fundamental. É preciso abrir caminhos, para que a complexidade da vida se estabeleça.

Para usar conscientemente o padrão da ordem no fazer agroflorestal, um dos aspectos mais importantes é levar em conta, na seleção das espécies a serem plantadas, seu estabelecimento gradativo em diferentes consórcios, ao longo do tempo.

* No planejamento do plantio de uma agrofloresta, que veremos depois, é fundamental pensar como cada planta trazida ao sistema estará "criando" outra.

No momento da implantação da agrofloresta, planta-se em geral todas as espécies ao mesmo tempo, mas não se espera que todas cresçam na mesma velocidade e nem que todas ocupem os mesmos estratos. Cada consórcio, em cada período de tempo, terá espécies com suas copas em diferentes andares (ou estratos).

Aqui, reside a arte e o conhecimento sobre os ambientes, as relações ecológicas, as formas de acoplagem estrutural, a velocidade de crescimento e as características de altura e arquitetura de cada espécie. É aqui, também, que reside a oportunidade de trazer ao espaço produtivo, a partir de um planejamento adequado, um grande número de espécies, que contribuirão para a diversidade funcional, para a segurança alimentar e para a diversificação da renda.

Imaginemos, por exemplo, uma agrofloresta que expresse inicialmente um consórcio com rabanete no estrato (andar) baixo, alface no estrato médio e crotalária (para produção de sementes) no estrato emergente. Essas espécies serão colhidas em um período de 25 a 45 dias – primeiro o rabanete, depois a alface e a crotalária. Nos mesmos canteiros em que foram plantadas – e ao mesmo tempo – é possível plantar couve e milho verde (para a colheita em um período de 60 a 90 dias), que ocuparão os estratos alto e emergente, respectivamente. É possível plantar também abacaxi, mandioca e gergelim, que estarão ocupando, mais à frente, os estratos baixo, alto e emergente. Além disso, podem-se plantar junto* espécies de

* Quando se fala em plantar "junto", nos referimos a plantar ao mesmo tempo espécies que formarão consórcios em diferentes períodos de tempo. Assim, é importante cuidar da distribuição espacial de cada espécie nos canteiros, para que cada espécie ocupe, a seu tempo, o melhor lugar possível. Este planejamento espacial é, também, um exercício do padrão de ordem, como veremos adiante.

árvores, como café, limão e pupunha, que ocuparão, em alguns anos os estratos baixo, médio e emergente, respectivamente.

Planejar dessa forma é visualizar os diferentes estratos da agrofloresta ao longo do tempo, levando em conta a diversidade de espécies em cada estrato e em cada consórcio. Por mais que sempre seja possível introduzir na agrofloresta novas plantas em diferentes momentos, um andar desocupado não pode ser preenchido imediatamente por uma espécie que ainda vai ser plantada. Até ela crescer, a dinâmica da agrofloresta já terá alterado seus estratos.

É importante lembrar ainda que o padrão da ordem não caminha sem o padrão de criação. Como vimos anteriormente, no planejamento da sucessão e dos andares que serão ocupados por cada espécie, é importante considerar a inclusão de espécies adubadeiras, bem como o cuidado que uma espécie pode ter com a outra. Em outras palavras, é importante pensar que cada espécie pode ajudar a "criar" outra no sistema, contribuindo para sua proteção e estruturação do solo e do espaço agroflorestal para a geração de propriedades emergentes adequadas.

Entre o padrão de criação e o da ordem, entretanto, é bom recordar que, assim como qualquer outra espécie, não controlamos tudo. É uma estratégia de qualquer planta produzir sementes em grande quantidade, pois nem todas terão características genéticas adequadas à germinação, ao crescimento e à reprodução no pedaço de solo em que se estabelecer. Dito de outra forma, é uma estratégia da natureza a elevada quantidade e diversidade genética de sementes, para que a expressão de vida de cada espécie possa estabelecer diferentes acoplagens estruturais e aproveitar e gerar várias propriedades emergentes. É na combinação desses fatores no local onde cada semente chega que uma ou outra planta, nascida muitas vezes a partir da mesma mãe, irá viver melhor. A seleção natural das plantas de uma mesma espécie é, portanto, também uma expressão do padrão de ordem da natureza. Por isso, na agrofloresta planta-se em geral muito mais sementes do que se espera daquela espécie na fase adulta. Dessa maneira, criam-se condições para que a combinação de fatores genéticos e ambientais direcione o melhor estabelecimento dessa ou daquela planta formada, indicando a melhor possibilidade de nosso manejo. Utilizando também o padrão de ordem, iremos retirar do sistema, via poda, aquelas plantas não tão adaptadas, mantendo as que cresçam melhor.

Outra dimensão importante do padrão dinâmico da ordem, no fazer agroflorestal, é a organização do espaço do plantio. Como vimos antes, antes do plantio é importante proteger e fornecer energia e biomassa ao solo, com galhos e folhas podados e picados, aplicando o padrão dinâmico da criação. Mas, antes ainda, é preciso organizar o espaço, facilitando o estabelecimento do potencial de criação do sistema.

Assim, logo após o corte das plantas que estavam a acumular energia e biomassa, raspa-se cuidadosamente esse material da área que será transformada em canteiros. Isso se faz com enxada ou ancinho, procurando retirar o mínimo possível da camada superficial de solo. Amontoa-se então o material retirado, reservando-o para uso posterior.

Estando o espaço dos canteiros sem cobertura de plantas, "solta-se" o solo superficial nos mesmos, com enxada manual, subsolador ou com tratorito acoplado com enxada rotativa. Com o solo "solto", montam-se os canteiros procurando manter as bordas mais elevadas do que a área central, visando direcionar a água da chuva e os nutrientes mobilizados pela decomposição da matéria orgânica para o centro dos canteiros. Neles, além do cuidado com a ordem na sucessão e estratificação dos consórcios, é preciso cuidar da disposição horizontal das plantas e seus espaçamentos. Plantas que serão colhidas antes, como as hortaliças de ciclo curto, podem ser plantadas na borda dos canteiros, evitando que sua colheita danifique raízes das árvores em formação, que devem ser colocadas mais ao centro. Plantas com raízes tuberosas, como a mandioca, podem ser plantadas com as manivas direcionadas levemente para fora dos canteiros, pelo mesmo motivo. O espaçamento entre as árvores deve ser bem pensado, considerando os tamanhos de copa e os estratos que serão ocupados no futuro, de forma integrada aos consórcios de espécies que estarão ali vivendo nos sucessivos intervalos de tempo.

Tudo isso é ordem, é foco, é direcionamento. E a ordem, na natureza, é sempre direcionada para a complexificação, diversidade e abundância dos sistemas vivos. E não o contrário.

Na agricultura convencional, se insiste em ordenar a área de plantio para uma única espécie e em estabelecer, "ordenadamente", estratégias de morte de espécies competidoras, predadoras ou parasitas. Os plantios comerciais seguem um ordenamento de atividades minucioso, desde o preparo do solo, com arações e gradagens, até o cronograma de aplicação de herbicidas, fungicidas, acaricidas, inseticidas, passando pelo planejamento de adubações sintéticas. Ou seja, na agricultura convencional também se pratica o ordenamento, porém uma ordem baseada na busca pela domesticação e dependência completas. Na natureza – e na agrofloresta – a ordem é parceira da criação e da diversidade, no rumo da homeostase.

No fazer agroflorestal, o melhor indicador do bom uso do padrão da ordem é a complexificação do sistema. Se a ordem das atividades e do estabelecimento das espécies está melhorando o solo, mantendo ou aumentando a disponibilidade de água, fazendo aparecer mais organismos e gerando abundância, estamos criando acoplagem estrutural com o padrão de ordem natural. E é muito gratificante para os agricultores que assim atuam, no rumo da integração com sua própria natureza.

Pode-se até errar – e errar muito – nos ajustes de ordenamento do plantio e das atividades em uma agrofloresta. Mas se há clareza de que este ordenamento deve ser "filho" do padrão de criação e gerador de complexidade, nossa acoplagem estrutural vai se estabelecendo, par e passo, com a natureza. Nas palavras de Pedro Baiano, agrofloresteiro de Barra do Turvo/SP, "antes de fazer agrofloresta, quando eu plantava estava atirando para o sentido contrário. Agora eu sei onde está o alvo. Posso até errar, mas estou atirando para o sentido certo". [82]

A homeostase do sistema

Como vimos anteriormente, a sucessão ecológica em uma floresta é mediada pela originalidade de cada organismo, criando acoplagens estruturais e propriedades emergentes. E, como consequência dessa atuação conjunta, o organismo florestal vai se tornando cada vez mais complexo em sua estrutura e funcionalidade e, ao mesmo tempo, aumentando sua homeostase. Praticar este padrão de homeostase no fazer agroflorestal começa ainda antes do preparo da área.

Antes de se iniciar o planejamento do plantio, é importante perceber como a homeostase está sendo buscada naquele ambiente, pelo organismo florestal ali presente. Dito de outra forma, a prática agroflorestal envolve captar e entender como os processos vitais, os ciclos e as relações ecológicas estão acontecendo, identificando como potencializá-los para o aumento de fertilidade, produtividade e biodiversidade naquele espaço.

Este é um dos aspectos importantes para o diálogo com o ambiente, conforme refletimos no início deste capítulo e, assim, é importante identificar características do solo, do relevo, do clima e da vegetação no local onde se implantará a agrofloresta. A sucessão ecológica, como já vimos, é realizada de forma coordenada, cooperativa e sequencial pelos consórcios de seres vivos que ocorrem em cada ambiente. Cada consórcio tem aptidão máxima para viver e melhorar o ambiente, a biosfera inclusive, na etapa em que ocorre naturalmente, durante a jornada da vida em direção à maior fertilidade e biodiversidade. Assim, identificar que consórcios estarão ocorrendo no ambiente que se vai trabalhar é fundamental para determinar práticas de manejo agroflorestal, visando "entrar no processo de sucessão" sem retroceder em suas etapas e sem artificializar condições do ambiente para forçar consórcios de etapas posteriores em curto prazo.

Nesse processo, identificar o histórico de uso da área também é muito importante. Estágios iniciais de sucessão em uma clareira, por exemplo, apresentam espécies e consórcios bem diferentes do que estágios iniciais de sucessão em áreas agrícolas. Como já discutido anteriormente, nessas áreas, muitas vezes o uso do fogo, de agrotóxicos e/ou de máquinas pesadas terão "forçado" a desestruturação e a redução da fertilidade do solo, exigindo o trabalho mais intenso e por mais tempo de gramíneas e asteráceas para a ativação da vida microbiana do solo e para o aparecimento de espécies adaptadas a estágios sucessionais mais avançados. Em uma clareira de uma floresta madura, as características do solo, sua umidade e a riqueza do banco de sementes determinam uma maior velocidade de sucessão e características diferenciadas nos consórcios.

Assim como o histórico de uso, a proximidade entre a área em que vai se implantar uma agrofloresta e as áreas florestais da região também influencia muito a disponibilidade de sementes e propágulos que irão se estabelecer, favorecendo o processo sucessional e incrementando a fertilidade. Além de tais características, a exposição maior ou menor da área à incidência de ventos influencia diretamente na manutenção da umidade no ar e no solo, o que também afeta a velocidade de sucessão e as espécies dos consórcios.

Com base no que foi colocado acima, perguntar ao ambiente as características de cada consórcio, em cada local, é fundamental para a implantação da prática agroflorestal, definindo especialmente onde e de que forma começar. É a partir da identificação dos elementos da homeostase do organismo florestal existente na região e no local de implantação da agrofloresta que podemos definir, inclusive, as espécies a serem plantadas.

Para plantar maracujá, por exemplo, é geralmente mais adequado um ambiente com maior homeostase do que para plantar abacaxi. Podemos até plantar essas duas espécies em uma mesma agrofloresta, mas tendo a clareza de suas necessidades diferenciadas de adaptação.

Como vimos na segunda parte desse livro, na natureza não há homeostase sem a atuação do padrão de criação e do padrão de ordem, no rumo da complexificação. Portanto, além de identificar as condições para a homeostase no ambiente em que será implantada uma agrofloresta, é preciso planejar o plantio de espécies que favoreçam continuamente sua evolução.

Assim como pensamos na diversidade de comida que precisamos ter em casa, nos tipos de móveis, no fornecimento de água, no abastecimento de gás ou lenha para cozinhar e em tantos outros elementos para nossa homeostase, é importante pensar em como garantir homeostase crescente para a agrofloresta, a partir da diversidade de espécies e práticas de manejo. É preciso pensar como floresta. E pensar como gente.

Nesse rumo, perguntas parecidas com as que fazemos para buscar o conforto de nossa casa podem ser feitas para buscar o conforto do organismo agroflorestal. Que plantas posso trazer para ajudar a manter a água no sistema? A bananeira, por exemplo, conserva muita água em seus "troncos" (pseudocaules), além de fazer uma boa sombra para o solo logo abaixo dela. Suas touceiras tendem a rebrotar bem, então podemos cortá-las frequentemente e colocar pedaços de seus "troncos" sobre o solo, mantendo a umidade. De forma parecida, em clima semiárido, a palma é uma espécie de grande importância para manter água no sistema. Que plantas posso utilizar quando o solo está duro logo abaixo da superfície e precisa ser quebrado por raízes fortes, que cheguem até regiões mais profundas e permitam o aumento da permeabilidade? Leguminosas como o guandu e a mucuna costumam cumprir bem esse papel. Que plantas crescem rápido e permitem a produção de adubo em grande quantidade, em forma de folhas e galhos? Aroeira, guapuruvu, sabiá e bracatinga fazem isso muito bem. Que plantas ajudam a trazer insetos, pássaros e morcegos para a agrofloresta, trazendo junto pólen e sementes de outras áreas? Espécies que florescem em grande intensidade e que estabelecem múltiplas relações ecológicas, como as leguminosas e palmeiras, ajudam muito nesse sentido. E assim por diante.

Em geral, muitas espécies que prestam serviços de grande importância para o sistema também geram produtos relevantes para nosso consumo ou venda. Aqui reside a arte e a ciência em acoplar a busca pela homeostase crescente do organismo agroflorestal com nossa própria homeostase – ou seja, com nossa segurança alimentar, nutricional e energética e com nossas possibilidades de renda. A bananeira, além de fixar água no sistema, ajudar a criar várias espécies e a estruturar o solo e fornecer grandes quantidades de biomassa e energia, também produz banana. O consórcio de milho, feijão e abóbora (conhecido como milpa) é praticado pelas populações originá-

Uma breve história contada pelo agricultor Sidiney Maciel, de Barra do Turvo/SP, resume bem a evolução da homeostase da agrofloresta e de sua família, a partir de uma situação inicial de dependência e degradação.[82] Muito embora contada já há dez anos, exemplifica claramente a evolução da homeostase do sistema:

> Cheguei aqui quando tinha só um ano, então não lembro como era aqui antes... Meus pais diziam que era tudo capoeira alta, tinha muito mato e bicho. Eles chegaram e começaram a plantar no sistema convencional, e só entraram em dívida... Era muita química, pra plantar tomate, feijão, abobrinha, vagem, abóbora. A venda não compensava o gasto. Muitas vezes a gente trocou o tomate pelo valor da caixa pra colocar ele dentro.
>
> Começamos a alugar terra pra plantar.
>
> Aí o pai derrubou mais uma capoeira que tinha e plantaram banana, que começou a produzir bem, mas logo veio a broca e outras coisas. O pai queimou o bananal e plantou mandioca, que produziu pouco e, do pouco, o rato comeu.
>
> Nessa época eu tinha que trabalhar proibido, de serrar madeira e tirar palmito, pra poder viver. Era arriscado, mas precisava disso. Mas era arriscado ainda pegar algema.
>
> Há 5 anos atrás, começamos a fazer agrofloresta. Logo que começamos, já veio visitas pra ver o que a gente tava fazendo, e isso me animou.
>
> A principal lógica da agrofloresta é plantar muito mais do que vai mesmo virar planta adulta, porque semear é o mais fácil.... Depois, a gente raleia e poda. Nisso, a gente tá adubando e formando o sistema. A gente já planta bastante porque vai ter formiga, vai ter o manejo da adubação, e vai sobrar o que é mesmo bom praquele lugar.
>
> De fruta, aqui, plantei banana, abacate, graviola, fruita do conde, cabeludinha, jaca, café... Também plantei muito

palmito, cedro, jatobá, cajarana, urucurana, ingá, ipê-roxo, tarumã e canela amarela. Foi colocada também muita semente de citrus, junto com milho e guandu, para fazer enxerto na roça.

Hoje, as frutas estão começando a produzir, mas muita ficou no chão. Já cortei árvores aqui por seis vezes. Por exemplo, hoje tem mais ou menos 1000 pés de jaca, com nada embaixo. É preciso cortar umas tantas e podar outras. Isso vai ajudar a decompor as raízes e aumentar a infiltração de água, fazendo adubo para as outras plantas. A ideia é deixar umas 50 árvores de jaca e usar o resto pra madeira, pra lenha e pra adubo. Também dá boa canoa.

Embaúva, grandiúva, jaborandi e outras vem criando a floresta. No meio do caminho, você vai batendo numa, tirando a outra, como a mata faz. Aquelas que não tem mais o lugar delas, tem que renovar. A gente usa esse conhecimento da mata para implantar o sistema.

Há 10 anos atrás, eu, minha esposa e um menino gastávamos R$250,00 a R$300,00 por mês, de rancho. Hoje, o menino cresceu e veio mais uma, que tá com 5 anos. Hoje a gente gasta de R$120,00 a R$150,00 por mês. A família aumentou, o tempo passou e hoje eu gasto menos, e como melhor. Deste 1,5 alqueire de agrofloresta, quando a feira é muito boa eu chego a tirar R$800,00 a R$900,00 por quinzena. A média é de R$600,00 a R$700,00 por mês. Mas a maior parte das plantas tá começando a produzir agora. E destes R$600,00, sobra mais ou menos R$400,00, pois quase todo o rancho vem do sistema (valores de 2011).

Não penso em aumentar a área. Minha ideia é derrubar tudo, aos pouquinhos, e fazer de novo... uns pedaços ainda incompletos, fazer completos.

Antigamente eu trabalhava hoje para pagar amanhã... Hoje eu trabalho para ir tendo sempre. E trabalho de cabeça erguida.

rias da América há séculos. Além de produzir esses alimentos, esse consórcio é altamente produtivo em biomassa, energia e proteção do solo. A bracatinga, além de ser uma leguminosa que contribui no fornecimento de nitrogênio ao sistema, que cresce rápido e "cria" várias espécies sob sua sombra, emite raízes profundas, produz floradas intensas e possibilita a apicultura, também gerando madeira de elevada qualidade para cabos de ferramentas, caibros, palanques, laminados e lenha. O palmiteiro jussara, na mata atlântica, além de estar constantemente atraindo uma grande diversidade de animais (e novas plantas) para a agrofloresta, produz frutos e palmito comestíveis e potencialmente rentáveis. Assim, combinar espécies nos consórcios para que se tenha comida e renda constantemente, em conjunto com a evolução da homeostase da agrofloresta, é uma das chaves para a integração entre o conforto do sistema agroflorestal e o nosso próprio também.

Do ponto de vista econômico, a diversidade funcional, ecológica e de produtos de uma agrofloresta possibilita baixo custo tecnológico e de trabalho por produto, maior facilidade de realocação de recursos e insumos, produtos armazenáveis a campo (por exemplo, madeiras e fibras) em conjunto com produtos armazenáveis pós-colheita e diferentes possibilidades de beneficiamento (polpas, geleias, doces etc.). Tudo isso contribui para mais estabilidade e resiliência do agricultor frente a variações de preços e condições de mercado. Além disso, permite maior autonomia na avaliação entre o direcionamento dos produtos para consumo ou para a comercialização, garantindo maior segurança alimentar e diferentes possibilidades de renda, de forma escalonada ao longo do tempo.

O exercício de buscar a homeostase é, enfim, o exercício pela aplicação da originalidade de cada espécie, de cada planta, em cada consórcio do organismo agroflorestal.

Transformação... A arte de guardar o sol de diferentes formas

Começamos este livro recordando um antigo provérbio chinês que diz que "a agricultura é a arte de guardar o sol". Quando falamos de mato, na segunda parte desse livro, trouxemos a biotecnologia da fotossíntese como uma estratégia desenvolvida pelo organismo planetário para a produção de alimentos e para a síntese de energia química a partir da energia solar. Nessa perspectiva, o provérbio acima é certeiro, pois produzir alimentos é, de fato, guardar a energia solar.

Em uma floresta, essa energia é "guardada" a partir de sua diversidade de plantas, estruturadas para sua máxima captação. Procurando guardar da melhor maneira possível o sol, cada planta vai se movimentando, vai se colocando de forma adequada na floresta. E, nesse caminho, vai produzindo sua própria biomassa, que é a base da alimentação de todos os organismos.

Em uma agrofloresta, o planejamento do plantio busca estabelecer consórcios de plantas, ao longo da sucessão, que façam da melhor maneira possível essa transformação de energia solar em comida. Cada consórcio, em cada tempo, formará andares onde a luz solar pode chegar, otimizando sua fixação em forma de energia química e biomassa por metro quadrado.

Na agricultura convencional, planta-se uma única espécie por área, deixando-se a capacidade de guardar o sol naquele lugar apenas sob sua responsabilidade e sem dar condições de proteção ao solo e retenção de umidade para que a fotossíntese ocorra adequadamente. Obviamente, guarda-se pouco sol dessa forma. Ficamos então, como humanos, tentando suprir esse déficit trazendo sol guardado em outros lugares e de outras formas... Trazemos esterco ou adubações químicas sintéticas, geralmente também gastando uma boa quantidade de sol guardado em outras épocas, hoje na forma de petróleo. Mal comparando, fazemos como um provedor um tanto irresponsável, que ao invés de buscar o sustento da casa de forma produtiva, fica a vender os móveis e utensílios domésticos para gerar alguma renda. Em algum momento, acabam as fontes dos recursos. E é o que está a acontecer em nossa grande casa planetária.

A capacidade de transformação é um dos aspectos que torna muito difícil a comparação de produtividade entre a agricultura convencional e a agrofloresta, com foco na sintropia. Qualquer conta bem feita que considere a relação entre a produção de alimentos por área e toda a energia e insumos utilizados irá deixar claro que é muito mais produtivo plantar junto com as forças da natureza, no mesmo local e no mesmo tempo. Além de no mesmo metro quadrado se produzir em vários andares – e não só no "térreo", como na agricultura convencional – o arranjo das espécies e a dinâmica criada no sistema favorece em muito o melhor aproveitamento possível da luz solar, reduzindo-se a necessidade de insumos externos.

Mas podemos, como humanos, ir um pouco mais longe em nossa contribuição à transformação de energia solar em comida. Além de incluir no planejamento de plantio as espécies adubadeiras e de criar consórcios para a captação de luz em vários andares – aplicando o padrão de criação da natureza – podemos ajudar as plantas a fazerem sua movimentação no sentido da melhor ocupação dos estratos. Podemos fazer isso utilizando nossas mãos na prática da poda e na retirada de plantas que já cumpriram seu papel no sistema.

Como já falamos, as clareiras são o grande "motor" da biodiversidade das florestas tropicais. Uma clareira é formada justamente pela poda natural de galhos ou pela eliminação de árvores do sistema. E não é qualquer árvore que cai, mas em geral aquela que já cumpriu seu papel na sucessão.

Podar, na agrofloresta, é utilizar essa dinâmica da floresta de forma intencional. Ou seja, podamos como prática do padrão de transformação. Podamos plantas para ajudar o sistema a receber mais luz, a gerar mais diversidade e mais abundância, em seus vários estratos. Além disso, podamos plantas adubadeiras constantemente, o que, além de trazer mais luz ao sistema, também traz matéria orgânica e proteção, refletindo o padrão de criação. Uma das podas mais frequentes, na agrofloresta, é a chamada poda de estratificação, ajudando cada planta a receber mais luz e no andar que lhe cabe melhor.

Por exemplo, em uma situação em que foi planejado o plantio de uma planta de café, uma laranjeira e uma canela, próximas entre si, é provável que durante a sucessão elas venham a ocupar com suas copas o mesmo andar. Então, é importante realizar podas que as estratifiquem adequadamente. Pode-se "cortar a cabeça" (o meristema apical) do café, estimulando que forme uma grande saia e que não cresça mais verticalmente; podar os ramos mais baixos da canela; e, se conveniente, podar galhos de árvores adjacentes que estejam impedindo a chegada de luz à sua copa, estimulando seu crescimento vertical; mantendo a laranjeira, e realizando, se for o caso, uma poda de frutificação. Se a canela for podada mais abaixo, a sua rebrota irá competir por luz solar, no mesmo estrato, com a laranjeira, ou mesmo com o café. Se o café for podado em seus ramos laterais (e não o meristema apical), a tendência é que cresça verticalmente, competindo com a laranjeira. É no diálogo com o sistema, em seu manejo, que a poda de estratificação se estabelece.

Além da poda de estratificação, as podas de frutificação e de eliminação são outras estratégias muito importantes no uso do padrão de transformação na agrofloresta.

A poda de frutificação é um tratamento, um cuidado com as árvores, visando facilitar a produção de flores e frutos. Em geral, quanto mais "arejada" estiver a copa – chegando luz a mais folhas – maior a possibilidade de produção de flores e frutos. Ao mesmo tempo, menor a possibilidade de a planta ficar em desequilíbrio nutricional, o que favoreceria sua saída do sistema, provavelmente via ação de fungos e insetos. Assim, é importante retirar os galhos que estão mais velhos, os galhos doentes e os galhos que se sobrepõem a outros mais vigorosos. Além desses critérios gerais, é importante atentar para características próprias de cada espécie, em relação à produção de flores e frutos, para se fazer uma poda adequada. Existem espécies que só produzem flores (e frutos) em ramos do ano, outras que só produzem em ramos que já completaram um ano, e outras que só produzem em ramos mais velhos. Adequar a poda de frutificação a essas características é fundamental. Também é de grande importância procurar conduzir, por meio da poda, a um formato de copa próximo ao formato natural da espécie.

Há ainda a poda de eliminação, que é feita quando existem duas ou mais plantas ocupando, com suas copas, o mesmo espaço horizontal, e cujo estrato ideal é o mesmo. Ou seja, plantas próximas umas das outras, que tenham características que indicam que devam ocupar o mesmo estrato na agrofloresta, exigem uma avaliação de qual ou quais delas devem ser mantidas e quais devem ser eliminadas. Se o planejamento de plantio for bem-feito, quando isso ocorrer é porque uma das plantas do mesmo estrato pertence ao consórcio anterior na sucessão, ou quando forem plantadas várias sementes da mesma espécie, deixando para a seleção natural e para o manejo a identificação de qual planta é a mais adaptada àquele microambiente. Retiram-se, então, as plantas menos adaptadas, estimulando a chegada de luz para aquelas que estão crescendo melhor.

Todos esses aspectos relacionados com a poda são uma forma de expressar o padrão de transformação da natureza, também em nossas mãos, no rumo do melhor aproveitamento possível da luz do sol pelas plantas e pelo sistema como um todo.

Mas a transformação possibilitada pela poda não para no melhor acesso à luz para as plantas dos diferentes estratos ou para partes de plantas menos iluminadas. Se a poda for bem-feita e se forem incluídas na agrofloresta várias espécies que rebrotam, ela permitirá a constante formação de novos galhos e brotos, que vão sendo direcionados para os espaços mais iluminados, contribuindo na complexificação da capacidade de acumular energia e biomassa do sistema.

Além disso, até agora focamos apenas nas transformações que a poda pode proporcionar na agrofloresta acima do solo. Conforme apresentado na segunda parte deste livro, da superfície do solo para baixo, há todo um outro universo de organismos e relações, que podem ter na poda sua sustentação e complexificação.

Fazendo uma analogia, assim como fotossíntese e respiração são processos complementares – para acúmulo e utilização da energia, respectivamente – a produção de biomassa e acúmulo de energia na parte de cima da floresta são a base para sua distribuição, na parte de baixo da floresta. As árvores não viveriam sem estruturação do solo, manutenção da umidade e liberação constante de nutrientes, o que é feito justamente pelos organismos do solo. Estes, por sua vez, não viveriam sem o suprimento constante de folhas, galhos e troncos, trazidos à superfície do solo pelas plantas, na dinâmica florestal.

É assim que podar, na agrofloresta, não serve apenas para a otimização da fotossíntese no sistema, mas também para a otimização da vida no solo. Todo o material podado é picado e colocado sobre a superfície. Dessa forma, imitamos também a dinâmica de uma clareira, mas potencializamos seu efeito na fertilidade do solo, disponibilizando de forma organizada a biomassa podada.

Servimos, assim, um banquete para a vida no solo. Quanto mais vida no solo, em termos de diversidade e abundância, mais estruturação, mais manutenção de umidade, mais nutrientes sendo utilizados, mais energia organizada no sistema.

Considerando tudo o que vimos até agora, talvez uma forma de definir agroflorestas seria como o efeito conjunto da potencialização da fotossíntese (gerando muita biomassa e acúmulo de energia no sistema), do planejamento sucessional e estratificado do plantio (trazendo consórcios de plantas que ocupam diferentes andares em cada momento), da combinação de funcionalidades ecológicas e produtivas de várias espécies (integrando originalidades de cada uma na diversidade de acoplagens estruturais e propriedades emergentes) e da prática constante da poda associada à disponibilização da biomassa podada no solo (estimulando a ciclagem de nutrientes, a manutenção da umidade, a estruturação e a fertilidade do sistema).

Essas práticas envolvem a aplicação dos padrões naturais de criação, de ordem, de homeostase e de transformação no fazer agroflorestal. E, ao praticar agrofloresta usando esses padrões, a transformação do sistema vai ocorrendo de diferentes maneiras.

Estudos realizados no Vale do Rio Ribeira, no âmbito da Associação de Agricultores Agroflorestais de Barra do Turvo, SP e Adrianópolis, PR (Cooperafloresta), por exemplo, mostraram que a taxa de fixação de carbono em agroflorestas é de 6,7 toneladas de carbono/hectare/ano, considerando apenas a fixação na biomassa florestal. Essa fixação ocorre em conjunto com o aumento gradativo da saturação de bases, da quantidade de nutrientes disponíveis e da redução da acidez do solo. Nessas agroflorestas, foi identificado também maior quantidade de indivíduos da mesofauna no solo, maior taxa de decomposição de folhas e galhos mortos – incorporando nutrientes ao solo – e maior diversidade e densidade de plantas do que em florestas sem manejo, próximas às agroflorestas estudadas, justamente por causa da potencialização dos processos ecológicos e ciclos naturais. A permeabilidade da água no solo das agroflorestas também foi recuperada, fazendo brotar nascentes onde já haviam secado. Tudo isso em meio à produção de 15 a 40 toneladas de alimento por hectare/ano, gerando segurança alimentar e renda para os agricultores.[11,29,76,82] Vários estudos, em diversas partes do mundo, levam a resultados semelhantes, apontando para a transformação dos espaços em que se pratica a agrofloresta no rumo do aumento da diversidade, abundância, conservação ambiental, renda e segurança alimentar.

Colocando em prática a ajuda mútua

Quando perguntados sobre "o que é uma boa agrofloresta?", agricultores e agricultoras que a praticavam há mais de 20 anos, no alto vale do Rio Ribeira, responderam de maneiras muito diferentes. Foi muito comum, nessas respostas, a indicação da ajuda mútua e do cuidado como elementos fundamentais da prática agroflorestal. Alguns exemplos de respostas foram: "uma boa agrofloresta é aquela em que há carinho, dedicação e amor"; "em que o grupo está reunido", "em que possamos viver bem"; "em que se gosta do trabalho"; "em que dá vontade de plantar"; "em que se cuida das plantas dos companheiros como se fosse a própria." O tema "cuidado e carinho" foi mais relacionado a uma boa agrofloresta do que a própria importância de sua produtividade.[82]

Cuidar da agrofloresta é cuidar de cada planta do sistema. É contribuir para que cada uma se expresse com toda sua originalidade, colocando em prática todo o seu potencial adquirido ao longo de milênios de evolução, no aqui e agora. E é estabelecer um aqui e agora como um espaço de trocas, de acoplagens estruturais e de propriedades emergentes, no fazer agroflorestal.

É assim que qualquer atividade de manejo em uma agrofloresta é um ato de cuidado, um diálogo entre pessoas e plantas no qual as perguntas principais são: como posso deixá-la melhor? Como posso fazer chegar mais luz? Como posso garantir melhor sua sustentação? Como posso fazer isso individualmente e no conjunto do sistema, valorizando os tempos de cada um? Como posso estimular as ajudas mútuas entre todos os seres aqui envolvidos?

Desde a seleção da área à prática da poda, do plantio à colheita, a motivação do fazer agroflorestal é, portanto, um manejo amoroso, que se manifesta na constante relação entre o agricultor ou agricultora e a agrofloresta.

Selecionar a área da agrofloresta a partir da acoplagem estrutural na paisagem; ter cuidado constante com a geração de biomassa e a concentração de energia para o sistema; planejar o plantio tendo em mente a expressão das originalidades de cada espécie, a cada tempo, em consórcios adequados; ajustar essa expressão a cada poda, contribuindo ao mesmo tempo com a fertilização e estruturação do sistema... Tudo isso gera colheitas abundantes, não só de produtos, mas também da expressão dos padrões dinâmicos da natureza, estimulando a originalidade de cada um de nós, nos sistemas em que vivemos, de forma amorosa.

E, quando as pessoas trabalham em conjunto umas com as outras, o cuidado com as plantas, com o sistema e com as gentes se mistura, gerando dádivas coletivas e resgatando os próprios fundamentos da agricultura familiar.

Afinal, sem troca, provavelmente não haveria agricultura familiar camponesa. E a troca que sustenta essa forma de agricultura vai muito além de trocar considerando apenas o benefício próprio, como as trocas financeiras. As comunidades tradicionais se formam e se mantêm, ao longo da história, especialmente pela dádiva.[70] Esta última, diferente da troca, pressupõe o contribuir para o todo, para o coletivo, e fazer parte desse coletivo. A dádiva, na agricultura familiar camponesa, também imita a natureza, na qual a acoplagem estrutural de cada organismo contribui para o ambiente e este, como produto da integração de todas as partes, cria as condições para que todos expressem seus potenciais de vida. Ambiente e organismos se mesclam, assim, na dádiva coletiva.

As condições ambientais, culturais, sociais e econômicas da agricultura familiar camponesa sempre contribuíram, historicamente, para a dádiva. Até há poucas décadas, a maior parte das comunidades no meio rural não contava com luz elétrica. Armazenar a carne depois de abater um boi, por exemplo, era muito mais complicado do que é hoje. Presentear os vizinhos era a melhor solução. O vizinho, afinal, também pensava assim. O maquinário agrícola, de forma geral, também era – e ainda é, em muitos casos – artigo de luxo. Sem colheitadeira, colher feijão, por exemplo, não é só muito cansativo, mas envolve invariavelmente uma grande perda da safra. Se for feito individualmente, em geral enquanto a colheita é feita de um lado, os grãos caem no chão do outro. Ajudar o vizinho a colher feijão aumenta muito a produção dele. E a sua também, pois o vizinho também pensa assim. Dessa forma, os mutirões viraram prática comum nas comunidades rurais. Muitas vezes, os mutirões envolviam a colheita coletiva e, à noite, se saboreava o churrasco, feito com um boi do dono da área, em meio à música e ao baile. Se todos os vizinhos participavam, o baile, a música, a festa e o churrasco eram frequentes – e o feijão de todos era muito bem colhido. E isso acalentava e criava relações, receitas, ideias e ideais. O mutirão, portanto, não é só um exemplo de troca, mas de dádiva.

Assim como as múltiplas acoplagens estruturais em uma agroflo-resta geram fartura e diversidade, a dádiva, como prática humana de acoplagem estrutural (e social) as amplifica. Assim como a colheita de feijão, implantar uma agrofloresta é serviço muito trabalhoso para ser feito sozinho. Todos os cuidados e práticas que envolvem a poda inicial, o preparo e cobertura do solo e o plantio diversificado, entre outras atividades, até podem ser feitos individualmente, mas somen-te quando a área é bem pequena. Portanto, quem faz agrofloresta, no campo da agroecologia, tem em geral trabalhado em mutirão.

O mutirão é, talvez, o momento e o espaço fundamental para a prática de uma pedagogia da reconexão com a natureza. Ao manejar coletivamente uma agrofloresta, estamos observando, conversando e replanejando, no convívio direto com o mato e com as pessoas. Neste momento, entre o suor do trabalho e as conversas com os companheiros e companheiras, estamos a vivenciar todos os padrões dinâmicos da natureza. E podemos fazê-lo de forma consciente.

O exercício da dádiva, associado à troca, pode ir mais além e agre-gar também os consumidores, em estratégias de economia solidária. Ao conversar sobre agricultura, sobre práticas agroflorestais, sobre a agroecologia; ao se agregarem consumidores e produtores nas pro-postas da agricultura agroflorestal, criam-se afetos e redes.

E afetos e redes são, afinal, a maior expressão cotidiana das aco-plagens estruturais e da complexificação dos sistemas.

Reaprendendo a aprender com a natureza

Ao longo deste livro, viemos refletindo sobre a associação, ao longo dos últimos séculos, entre aprendizado e busca do afastamen-to da natureza. Para analisar os fenômenos naturais, os separamos entre si e nos separamos deles, em nome de uma descrição mais isenta. Porém, quando nos forçamos a essa separação, uma parte de nossa capacidade de aprendizado é reduzida. Conforme descrito anteriormente, em nome de estarmos "civilizados", rompemos com parte de nossa condição natural. Uma parte que envolve justamente a necessidade de não estar separado, de não olhar de longe. Uma parte do aprender que depende justamente de estarmos integrados à natureza.

Ernst Götsch[67] aponta para a necessidade de alterarmos radicalmente a concepção de *cogito, ergo sum* ("penso, logo existo", de Descartes) para "nos considerarmos como parte de um sistema inteligente, no qual todos os seres que o compõem têm essa mesma característica, todos equipados e com capacidade de se comunicar entre si, formando, em conjunto, um grande e único macrorganismo."

Perceber este sistema é, em si, um ato de inteligência e amor – termos que não se separam nas formas de vida de todos os organismos. Para aprender, de forma integral, é preciso que limpemos nossas lentes e tenhamos alegria em fazer parte – e não em nos considerarmos isolados – da dinâmica da natureza.

Primack, um dos mais expoentes colaboradores da biologia da conservação, descreve que se pensarmos metaforicamente que a vida é como a música, então não devemos pretender guardar os instrumentos musicais em vitrines e evitar que sejam tocados por seres humanos, mas devemos estimular que os músicos possam "tocar delicadamente as cordas em um quarteto, reverberar os tambores e respirar com as flautas, mantendo o movimento musical adequado ao tempo". É com essa perspectiva que se trará a biodiversidade em nível de genes, populações, espécies, comunidades biológicas, ecossistemas e regiões.[71]

Fazer agrofloresta, nessa metáfora, é perceber e tocar a música.[83] A prática agroflorestal envolve captar e entender como os processos vitais, os ciclos e as relações ecológicas estão acontecendo, identificando como potencializá-los para o aumento de fertilidade, produtividade e biodiversidade naquele espaço. E como contribuir, como parte integrante da sinfonia, para a expressão de nossa originalidade na manifestação da vida.

Essa identificação deve recorrer, sem dúvida, ao uso de conhecimentos acumulados, tanto a partir da prática acadêmica quanto a partir da prática produtiva – ou seja, ao uso do conhecimento científico e do saber ecológico tradicional. Mas essa identificação envolve também, com igual importância, o "perguntar" ao ambiente o que ele está fazendo no rumo do incremento de fertilidade e biodiversidade. Qual a música que aquele ambiente está tocando? Quais são as espécies? Que sons cada uma produz na sinfonia da vida naquele espaço?

Nessa percepção, nossa acoplagem estrutural ao fazer agrofloresta consiste em trazer as ferramentas do conhecimento para utilizá-las nos processos ecológicos daquele espaço, naquele momento, em um movimento constante e balanceado entre percepção e prática. Em outras palavras, como temos comentado, fazer agrofloresta é manter um diálogo com o ambiente natural, conversando com seus processos e relações, perguntando o que é mais adequado a seu fluxo e, ao trazer sua contribuição a ele, receber dele a produção de alimentos. Assim, fazer agrofloresta é, também, educar-se ambientalmente, caminhando para a reconexão metabólica com a natureza.

E quando implantamos uma agrofloresta em conjunto, a expressão de originalidade de cada um se manifesta a partir de experiências e aprendizados próprios, potencializando nossa acoplagem estrutural como grupo.

E cada manejo, como ato de cuidado, gera também resultados que são aprendidos por nós. Que podem ser anotados, fotografados, estudados. Ou seja, além de usar nossa inteligência para potencializar nossa acoplagem estrutural à produção de alimentos, conseguimos como humanos descrever e irradiar conhecimentos. Dessa forma, podemos estimular trocas de saberes, seja a partir de encontros, mutirões, artigos, vídeos, livros e tantas outras formas de comunicação. Este livro e tantas outras obras, incluindo as citadas aqui, vão neste rumo.

Aproveitando a analogia de Primack, mencionada anteriormente, podemos promover saraus de várias orquestras, fazendo chegar a todos os amantes da música diferentes sinfonias. Além disso, a grande vantagem desses saraus é que, para se tornar músico, basta entrar na sinfonia, utilizando cada qual seu conhecimento, arte, percepção e amor.

Pedagogia é uma ciência que trata da educação, ou seja, das formas de aprender e de ensinar.

Quando se propõe aqui o fazer agroflorestal como uma forma de pedagogia, a intenção é contribuir com a aplicação do padrão de aprendizado que permeia a natureza em nossa prática de produção de alimentos. É resgatar esse padrão em nós, de forma consciente. inteligente e integrada ao uso dos demais padrões aqui comentados. É refletir, enfim, sobre a possibilidade de aprender a partir dessa reconexão.

Amar e mudar as coisas... No rumo da evolução

O fato de cada organismo gerar acoplagens estruturais específicas e contribuir para novas propriedades emergentes foi apresentado aqui, em vários momentos. Viver é criar, transformar, equilibrar, amar, organizar, aprender... E evoluir, individualmente e como espécie. Essa evolução está completamente integrada à evolução dos sistemas vivos, que atuam como organismos maiores em que cada organismo individual está inserido.

Quanto mais originalidades de expressão da vida e quanto maior o número e a diversidade de acoplagens estruturais e de propriedades emergentes, maior a organização da energia, maior a produção de biomassa, maior a homeostase... Viver individualmente contribui com a evolução do sistema em que se vive e o sistema, por sua vez, retroalimenta as possibilidades de vida. A evolução dos sistemas vivos representa, assim, um aumento da quantidade e qualidade de vida consolidada.[67,88]

Quando pensamos em cada espécie a inserir ou em qualquer prática de manejo em uma agrofloresta, uma pergunta essencial é: como essa espécie ou manejo contribuirá para a evolução do sistema, agindo para o aumento da quantidade e qualidade de vida?

Em outras palavras, como podemos contribuir, a partir da agrofloresta, com a sintropia do sistema? Essa contribuição envolve, em última análise, promover mecanismos para a complexificação da organização da energia, para a diversidade e para a abundância. Aqui reside o principal fundamento da sustentabilidade de uma prática produtiva: contribuir para a evolução da vida.

Sustentabilidade, porém, talvez seja um indicador ainda limitado para caracterizar tal evolução. Sustentar, afinal, é um termo que evoca garantir a existência de algo a partir de sua sustentação. Desde sua origem, o termo "desenvolvimento sustentável" tem sido usado como referência para crescer sem destruir, ou para gerar riqueza sem descuidar dos aspectos sociais e ambientais. Dessa forma, a sustentabilidade se assemelha a uma muleta social ou ambiental para garantir a caminhada de um crescimento econômico que se supõe inquestionável e ilimitado.

A evolução dos sistemas vivos não só se sustenta por si mesma, a partir da existência dos organismos em acoplagens estruturais e propriedades emergentes, mas gera novas possibilidades de vida a cada instante. A evolução dos sistemas vivos é, portanto, mais que sustentável. Não se fundamenta na dualidade, mas na unicidade. É, na verdade, regenerativa, criando vida cada vez mais diversificada e complexa.

Então, a resposta à pergunta proposta acima deve indicar como podemos fazer uma agricultura, de fato, regenerativa. Mais que sustentar uma produção de alimentos, é fundamental trabalharmos juntos com a natureza pela complexificação e evolução dos sistemas vivos em que a comida é produzida.

Quando conseguirmos fazer isso, poderemos perceber a evolução dos sistemas mesmo quando necessitarmos renovar uma agrofloresta. Afinal, muitas vezes é importante "começar tudo de novo", seja para viabilizar a continuidade de produção de hortaliças que exijam maiores intensidades de luz, para se fazer um plantio mais completo nos vários andares, para potencializar o manejo ou por vários outros motivos. Assim como a abertura de uma clareira em uma floresta madura estimula a complexificação da vida a partir da vida ali consolidada, a renovação de uma agrofloresta faz com que as espécies que ali chegam encontrem maior homeostase, maior fertilidade, maior organização da energia e maiores chances de criação de novas propriedades emergentes. Quando se renova uma agrofloresta conduzida a partir da perspectiva sintrópica e regenerativa, a evolução da vida naquele espaço é facilmente percebida. Cada ser que ali viveu, expressando os vários padrões dinâmicos da natureza em sua existência, contribuiu para essa evolução, deixando o sistema mais estruturado e mais fértil.

Produzir alimentos a partir do uso intencional dos padrões da natureza e tendo a clareza de que tudo evolui de forma integrada faz também com que nos tornemos cada vez mais conscientes de nossa própria evolução. Como estou contribuindo, com minha vida, para a vida como um todo? Como posso, assim como faz qualquer organismo, deixar mais abundante e diversificado o lugar que eu vivo? Tenho conseguido, em minha maneira de me acoplar, criar propriedades emergentes para contribuir para a quantidade e qualidade de vida consolidada?

Tentar responder a essas perguntas não serve apenas para orientar nossos manejos agroflorestais. Elas se contextualizam a diferentes e múltiplos temas e escalas. Apenas como exemplos, ajudam a orientar a organização da paisagem da propriedade agrícola, podem contribuir na evolução de nossas relações familiares e comunitárias e também promover, finalmente, a conscientização gradativa de nosso papel na evolução planetária.

Mais que tudo, é preciso continuar perguntando, observando e aprendendo... Como minhas ações, relações e projetos deixam o lugar em que eu vivo melhor do que antes de eu chegar? Como posso cuidar de um canteiro, de uma horta, de uma agrofloresta ou de uma fazenda deixando fluir e aplicando conscientemente os padrões de criação, transformação, homeostase, ajuda mútua, ordem, aprendizado e evolução? Buscar responder estas perguntas, a cada dia, é reaprender a nos conectar. É praticar uma pedagogia de reconexão.

A transição a caminho

Criar caminhos para nossa reconexão metabólica com a natureza, por meio da produção de alimentos, não só é possível como está sendo feito por milhares de agricultores e agricultoras no Brasil e no mundo. Neste livro, refletimos sobre como as forças e padrões da natureza iluminam e guiam este caminhar.

Entretanto, é importante lembrar que estes caminhos se forjam em meio a outros tantos da sociedade, alguns deles em sentido contrário. Afinal, o pensamento colonial insiste, ainda hoje, em influenciar políticas públicas de crédito, assistência técnica, pesquisa e ensino, no âmbito da agricultura. A concentração de terras e o avanço da fronteira agrícola caminham par e passo com a contaminação ambiental, a erosão de solos e a desterritorialização de gentes, em um modelo de agronegócio reverenciado por muitos como *pop*. A falta de cuidado impera nas relações humanas e a propaganda da felicidade como produto do consumo não para de crescer.

Nesse cenário, é muito importante usar os padrões dinâmicos da natureza também para promover formas de transição para sistemas produtivos regenerativos, em conjunto com nossa reconexão metabólica. É fundamental usar nossa criatividade – ou o padrão de criação – para estabelecer arranjos comunitários e institucionais que possam incentivar movimentos e políticas públicas de educação, assistência técnica e mercados diferenciados.

Igualmente, é importante trocar e integrar experiências e iniciativas nessa direção. A reconexão de que estamos falando pode se dar a partir de uma fazenda, de uma agrofloresta, de um canteiro doméstico ou de uma horta urbana. Em qualquer pedaço de chão é possível aplicar práticas regenerativas, a partir do uso consciente dos padrões dinâmicos da natureza para a produção de alimentos. Portanto, trocar saberes entre quem está fazendo isso em diferentes escalas e locais é fundamental. Assim como a chegada de sementes a uma floresta, ideias e práticas desenvolvidas em diferentes lugares podem germinar na experiência individual e coletiva, retroalimentando a diversidade e criando redes de interação. E nada melhor do que a experiência de outros agricultores para estimular a agricultura de cada um.

Nessa troca de saberes, a gente vai se transformando. E vai sentindo a transformação acontecer. E trocar saberes passa também por trocar receitas e por experimentar novos sabores. Cada um de nós tem memórias afetivas com o doce da avó, o bolo da mãe ou aquela receita que só a tia sabia fazer. Beneficiar os produtos, assim, recorda nossa própria transformação. O beneficiamento de produtos nunca vem só. Dificilmente alguém elabora alguma receita que não seja para consumir em família ou em grupo, saboreando e celebrando. E é assim que elaborar receitas, no convívio comunitário, tem sido uma das estratégias mais antigas para buscar a segurança alimentar, a troca e o carinho, tudo ao mesmo tempo. No campo da agroecologia, as trocas de saberes e fazeres nesta área são cada vez mais intensas. Grupos de agricultores e agricultoras têm se reunido para trocar experiências de todas as formas possíveis e, entre elas, a comida, celebrada em conjunto, é o principal vínculo. É nesse rumo que novas receitas e novas plantas entram nos quintais e nos canteiros de cada horta, ampliando a diversidade em conjunto com os afetos. É neste rumo também que vários novos produtos, entre picolés, polpas, doces e bebidas, levam aos consumidores os sabores da diversidade.

No fluxo da transição necessária, é muito importante buscar associar nossa reconexão à segurança alimentar e à qualidade de vida. Na prática de produzir alimentos, abordamos algumas estratégias, na expressão do padrão de homeostase. Mas é fundamental buscá-la também a partir das relações da porteira para fora, ou seja, construindo cadeias de comercialização adequadas. Assim, as estratégias de beneficiamento e identificação da origem dos produtos, os mercados institucionais, as feiras, as entregas de cestas, os sistemas participativos de garantia na certificação agroecológica, a articulação de CSA (comunidades que sustentam a agricultura) e outras práticas de economia solidária têm sido mecanismos importantes para a aproximação entre agricultores e consumidores, criando cada vez mais autonomia e soberania alimentar, no campo e na cidade.

Nesse esforço de transição, muito tem-se aprendido. Não só sobre práticas e tecnologias de produção de alimentos, mas também sobre o próprio processo de transição. Esse aprendizado tem se dado a partir de cursos, palestras, seminários, livros, artigos e outras formas de irradiação de conhecimento. É fundamental, dessa forma, criar espaços para quem está aprendendo e ensinando, anotar e sistematizar experiências e divulgar os saberes da forma mais ampla possível. Isso envolve desde a adequação de conteúdos de ensino fundamental à criação de cursos técnicos ou superiores em agroecologia; desde a organização de seminários ao uso da internet para palestras e cursos online; desde o desenvolvimento de pesquisas e suas publicações científicas até a elaboração e distribuição de cartilhas e apostilas. É necessário e urgente exercitar o padrão do aprendizado.

Quando os efeitos dessa transição no rumo de nossa reconexão começam a ser sentidos, um sopro de esperança se mistura ao empoderamento de quem vive da produção de alimentos. Especialmente em comunidades em situação de vulnerabilidade, no meio rural ou no urbano, quando se começa a gerar diversidade e fartura, a autonomia e a segurança alimentar passam a ser os ingredientes da cidadania, algo por muitos até então nunca experimentado de fato. Mas esse sentimento não atinge somente os que antes estavam vulneráveis social ou economicamente. Ele, aos poucos, reduz a vulnerabilidade da desconexão de cada um de nós. Em outras palavras, quando os efeitos dessa transição começam a ser vividos, vamos nos sentindo mais em casa, nesta casa aconchegante de Gaia, não como filhos rebeldes, mas com a alegria de fazer parte de sua evolução.

Para que a transição aconteça, enfim, não podemos nos esquecer da importância da expressão do padrão do direcionamento, do foco. É urgente e fundamental a abertura de caminhos. Essa abertura se traduz em, de fato, começar a caminhar rumo à reconexão. Não há mais tempo para ficar parado.

Seja a partir de uma escola, de uma horta urbana, de um mutirão, de uma fazenda, de um quintal, de uma agrofloresta ou mesmo de um pequeno canteiro, comece a caminhar, se juntando a tantos que já iniciaram essa transição! O sol segue nos iluminando e Gaia nos espera em seu coração, a partir da cooperação coletiva e da originalidade e propriedades emergentes de cada um.

É tempo de reconectar e de guardar o sol, a partir da profunda consciência de estar vivo.

Referências

1. ACOSTA, L. E. M.; ZORIA JAVA, J. Conocimientos tradicionales Ticuna en la agricultura de chagra y los mecanismos innovadores para su protección. **Boletim do Museu Paraense Emílio Goeldi. Ciências Humanas**, v. 7, n. 2, p. 417–433, 2012.

2. ALTIERI, M. **Agroecologia: bases científicas para uma agricultura sustentável**. 3 ed. São Paulo: Expressão Popular; Rio de Janeiro: AS-PTA, 2012. 400 p.

3. ALVES. R. **Entre a ciência e a sapiência: o dilema da educação**. São Paulo, Loyola, 2010.

4. BARBIERI, R. L.; STUMPF, E. R. T. **Origem e evolução de plantas cultivadas**. Brasília/DF, Embrapa Informação Tecnológica, 2008.

5. BITENCOURT, A. L. V.; KRAUSPENHAR, P. M. Possible prehistoric anthropogenic effect on Araucaria angustifolia (Bert.) Kuntze expansion during the late Holocene. **Rev. Bras. Paleont.** v. 9, n. 1, p.109-116, 2006.

6. BOFF, L. **Ethos mundial: um consenso mínimo entre os humanos**. 2ª ed. Petrópolis, Vozes, 2002. 165p.

7. BUDOWSKI, G. Distribution of tropical American rain forest species in the light of successional process. **Turrialba**, 15: 40-42, 1965.

8. CAPRA, F. **A teia da vida: uma nova compreensão científica dos sistemas vivos**. São Paulo: Ed. Cultrix, 1996. 256p.

9. CAPRA, F. **As conexões ocultas: ciência para uma vida sustentável**. São Paulo: Editora Cultrix, 2002. 296p.

10. CARVALHO, I. C M. de.; GRUN, M.; TRAJBER, R. **Pensar o ambiente: bases filosóficas para a educação ambiental**. Brasília, MEC/UNESCO, 2009.

11. CEZAR, R.M.; VEZZANI, F.M.; SCHWIDERKE, D.K.; GAIAD, S.; BROWN, GEORGE G.; SEOANE, C.E.S.; FROUFE, L.C.M. Soil biological properties in multistrata successional agroforestry systems and in natural regeneration. **Agroforestry Systems (Print)**, v. 89, p. 1035-1047, 2015.

12. CHABOUSSOU, F. **Plantas doentes pelo uso de agrotóxicos**. 2 ed. Porto Alegre, L&PM, 1995. 256 p. Tradução de Maria José Guazzelli.

13. CLEMENT, C.R. 1999a. 1492 and the loss of Amazonian crop genetic resources. I. the relation between domestication and human population decline. **Economic Botany**. 53(2): 188-202.

14. CLEMENT, C.R. 1999b. 1492 and the loss of Amazonian crop genetic resources. II. Crop biogeography at contact. **Economic Botany**. 53(2).

15. CORRÊA NETTO, N. E.; MESSERSCHMIDT, N. M.; STEENBOCK, W.; MONNERAT, P. F. **Agroflorestando o mundo de facão a trator**. Barra do Turvo, Cooperafloresta, 2016.

16. COUTO, M. **E se Obama fosse africano?** São Paulo, Companhia das Letras, 2011.

17. CUMINO, A. **Deus, deuses, divindades e anjos: teologia, mitologia e angeologia**. São Paulo, Madras, 2008. 327 p.

18. DAROLT, M. R. **Agricultura orgânica: inventando o futuro**. Londrina: IAPAR, 2002. 249 p.

19. DARWIN, C. **A origem das espécies**. Tradução de M.A. Ziegler. Porto Alegre, Pradense, 2017.

20. DIAMOND, J. **Armas, germes e aço: os destinos das sociedades humanas**. São Paulo, Record, 1998.

21. DÍAZ, S.; CABIDO, M. Vive la différence: plant functional diversity matters to ecosystem processes. **Trends in Ecology & Evolution**, 16: 646-655, 2001.

22. DUSSEL, E.: Europa, modernidade e eurocentrismo. In: LANDER, E. (organizador), **A colonialidade do saber. Eurocentrismo e ciências sociais. Perspectivas latino-americanas**, Buenos Aires: Conselho Latino-americano de Ciências Sociais (CLACSO), 2005, p. 24-32.

23. EMPERAIRE, L. 2002. Agrobiodiversidade em risco – O exemplo das mandiocas na Amazônia. **Ciência Hoje** (out.): 29-33.

24. EMPERAIRE, L; PERONI, N. 2007. Traditional management of agrobiodiversity in Brazil: a case study of manioc. **Human Ecology** 35:761–768.

25. FAO – Food and Agriculture Organization of the United Nations. **State of knowledge of soil biodiversity: satus, challenges and potentialities**. Rome, FAO, 2020.

26. FAUR, M. **O anuário da Grande Mãe**. 2ª Ed. São Paulo, Editora Alfabeto, 2016. 576 p.

27. FOSTER, J.B. **A ecologia de Marx**: materialismo e natureza. Tradução de Maria Teresa Machado. 4. ed. Rio de Janeiro: Civilização Brasileira, 2014.

28. FOSTER, J. B.; CLARK, B. The Robbery of Nature: Capitalism and the Metabolic Rift. **Monthly Review Archives**, 70: 1-20, 2018.

29. FROUFE, L.C.M.; SCHWIDERKE, D.K.; CASTILHANO, A.C.; CEZAR, R.M.; STEENBOCK, W.; SEOANE, C.E.S.; BOGNOLA, I.A.; VEZZANI, F.M. Nutrient cycling from leaf litter in multistrata successional agroforestry systems and natural regeneration at Brazilian Atlantic Rainforest Biome. **Agroforestry systems**, v. 01, p. 1-13, 2019.

30. FUKUOKA, M. **Agricultura natural: teoria e prática da filosofia verde**. São Paulo: Nobel, 1995.

31. FUTUYMA, D. J. **Biologia evolutiva** (coord. tradução Mario de Vivo). 2ª Ed. Ribeirão Preto, FUNPEC-RP, 2002. 631 p.

32. GLIESSMAN, S. R. **Agroecologia: processos ecológicos em agricultura sustentável**. Porto Alegre: Editora da UFRGS, 2000.

33. GÖTSCH, E. **Natural succession of species in agroforestry and in soil recovery**. Piraí do Norte, Fazenda Três Colinas, 1992. 19 p. (não publicado).

34. GÖTSCH, E. **Break-through in agriculture**. Rio de Janeiro: AS-PTA, 1995. 22 p.

35. HARLAN, J. R. 1992. **Crops and Man**. 2nd ed. American Society of Agronomy, Crop Science Society of America: Madison.

36. INSTITUTO BRASILEIRO DE GEOGRAFIA E ESTATÍSTICA (IBGE). **Censo Agropecuário 2006: agricultura familiar, primeiros resultados. Brasil, Grandes Regiões e Unidades da Federação.** Rio de Janeiro: IBGE; 2006.

37. JESUS, E. L. Diferentes abordagens de agricultura não convencional: história e filosofia. In: AQUINO, A. M.; ASSIS, R. L. (Ed) **Agroecologia: princípios e técnicas para uma agricultura orgânica sustentável**. Brasília: Embrapa Informação Tecnológica, 2005. p.21-48.

38. JOSE, S. Agroforestry for ecosystem services and environmental benefits: An overview. **Agroforestry Systems**, v. 76, p. 1 – 10, 2009.

39. KAGEYAMA, P. Y.; GANDARA, F. B. Recuperação de áreas ciliares. In: RODRIGUES, R. R.; LEITÃO FILHO, H. F. (Eds.). **Matas ciliares: conservação e recuperação**. São Paulo: Universidade de São Paulo/Fapesp, 2000. 261 p.

40. KOPENAWA, D. **Prefácio**. In: ALBERT, B.; MILLIKEN, W. Urihi – a Terra Floresta Yanomami. São Paulo/Paris, Instituto Socioambiental/IRD, 2009. 207 p.

41. KRENAK, A. **A vida não é útil**. Pesquisa e organização Rita Carelli, 1ª Ed. São Paulo, Companhia das Letras, 2020.

42. LAUTERJUNG, M.B. BERNARDI, A.P.; MONTAGNA, T.; RIBEIRO, R.C; COSTA, N.; MANTOVANI, A.; REIS, M. S. Filogeografia do pinheiro brasileiro (*Araucaria angustifolia*): evidências integrativas da dispersão antropogênica pré-colombiana. **Genética das árvores e genomas** 14, 36. 2018.

43. LOBÃO, D. E.; SETENTA, W. C.; LOBÃO, E. de S.; CURVELO, K.; VALLE, R. R. Cacau cabruca – sistema agrissilvicultura tropical. In: VALLE, R.R. **Ciência, tecnologia e manejo do cacaueiro**. Brasília, 2 ed., 2012.

44. LOVELOCK. J. E. 1988. **As eras de Gaia: uma biografia da nossa Terra viva**. Mira-Sintra, Ed. Francisco Lyon de Castro, 1988.

45. LOVELOCK. J. E. 1990. Hands up for the Gaia hypothesis. **Nature**. v. 344, n 6262, p.100-102.

46. MAAR, J. H. Justus Von Liebig, 1803-1873. Parte 1: Vida, Personalidade, Pensamento. **Química Nova**, 29: 1129-1137, 2006.

47. MARGALEF, R. **Perspectives in ecological theory**. Chicago: University of Chicago Press, 1968. 111 p.

48. MARTINS, P. S. Dinâmica evolutiva em roças de caboclos amazônicos. **Estudos Avançados**, v. 53, n. 19, p. 209-220, 2005.

49. MARX, K. **O capital: crítica da economia política. Livro 1: o processo de produção do capital.** São Paulo: Boitempo, 2013.

50. MATURANA, H.R.; VARELA, F.J. **A árvore do conhecimento: as bases biológicas da compreensão humana**. São Paulo, Palas Athena, 2001.

51. MAZOYER, M; ROUDART, L. **História das agriculturas no mundo: do neolítico à crise contemporânea**. São Paulo. Ed. UNESP, 2010.

52. MICCOLIS, A. *et al.* **Restauração ecológica com sistemas agroflorestais: como conciliar conservação com produção. Opções para Cerrado e Caatinga**. Brasília: Instituto Sociedade, População e Natureza – ISPN/Centro Internacional de Pesquisa Agroflorestal – ICRAF, 2016.

53. MOLLISON, B. **Introdução à permacultura**. Tyalgum: Tagari Publications, 1991. 204 p.

54. MORIN, E. **Os sete saberes necessários à educação do futuro.** São Paulo: Cortez; Brasília: UNESCO, 2000.

55. MORIN, E. **Um festival de incertezas**. Edição eletrônica. Ed. Gallimard. Disponível em: http://www.ihu.unisinos.br/78-noticias/599773-um-festival-de-incerteza-artigo-de-edgar-morin. Acesso em 15/06/2020.

56. NEVES, M. C. P.; ALMEIDA, D. L. de; GUERRA, J. G. M.; RIBEIRO, R. de L. D. **Agricultura orgânica: uma estratégia para o desenvolvimento de sistemas agrícolas sustentáveis**. Seropédica: EDUR, 2004, 98 p.

57. NEWTON, P.; CIVITA, N.; FRANKEL-GOLDWATER, L.; BARTEL, K.; JOHNS, C. What is regenerative agriculture? A review of scholar and practitioner definitions based on processes and outcomes. **Frontiers in Sustainable Food Systems** 4. 10.3389/fsufs.2020.577723. 2020.

58. ODUM, E. **Ecologia**. Rio de Janeiro, Guanabara, 1988.

59. PIANKA, E. R. **Evolutionary ecology**. New York: Harper Collins College Publishers, 5 ed., 1994. 486 p.

60. PINHEIRO, S.; AURVALLE, A.; GUAZELLI, M.J. **Agropecuária sem veneno**. Porto Alegre, L&PM, 1985.

61. PINHEIRO, S. **Tucuruí: o agente laranja em uma república de bananas**. Porto Alegre, Sulina, 1989.

62. PINHEIRO, S. **Agroecologia 7.0.** Catarse, Juquira Candiru Satyagraha, 2018.

63. POSEY, D.A.1984. A preliminary report on diversified management of tropical forest by the Kayapó Indians of Brazilian Amazon. **Advances in Economic Botany**.1:112126.

64. PRIMAVESI, A. M. **O solo tropical – casos – perguntando sobre o solo**. São Paulo, MST, 2009.

65. QUIJANO, A.: Colonialidade do poder e a classificação social. In: SANTOS, B. S.; MENESES, M. P. G. (Orgs.). **Epistemologias do Sul.** São Paulo: Cortez, 2010. p. 32-84.

66. RAVEN, P. H. **Biologia vegetal**. Rio de Janeiro, Guanabara Koogan, 2014.

67. REBELLO, J. F. e GHIRINGNELLO, D. **Agricultura sintrópica segundo Ernst Götsch**. Ribeirão Preto, Reviver, 2021.

68. REIS. M.S.; LADIO, A. H.; PERONI. N. Landscapes with Araucaria in South America: evidence for a cultural dimension. **Ecology and Society: a journal of integrative science for resilience and sustainability**, v. 19, p. 43, 2014.

69. RENDEL, P. **Os chacras – estrutura psicobiofísica do homem**. Curitiba, Hemus, 1981. 70 p.

70. RODRIGUES, A.S. Reciprocidade, solidariedade e reconstrução da identidade camponesa: estratégias de reprodução social dos agricultores familiares da Cooperafloresta. **Tese**. Doutorado em Sociologia. Universidade Federal do Paraná, 2013.

71. ROZZI, R.; FEISINGER, P.; MASSARDO, F.; PRIMACK, R. Que es la diversidade biológica? In: PRIMACK, R; ROZZI, R.; FEISINGER, P.; DIRZO, R.; MASSARDO, F. **Fundamentos de conservación biológica**. México DF, México: Fondo de cultura económica, 2001. 797 p.

72. SAITO, K. Marx's Ecological Notebooks. **Monthly Review**, 67:25–42, 2016.

73. SANTOS, B. S.: Para além do pensamento abissal: das linhas globais a uma ecologia de saberes. In: SANTOS, B.de S.; MENESES, M. P. G. (Orgs.). **Epistemologias do Sul**. São Paulo: Cortez, 2010. p. 30-83.

74. SANTOS, B.de S.; MENESES, M. P. G. (Orgs.). **Epistemologias do Sul**. São Paulo: Cortez, 2010.

75. SANTOS, M.; GLASS, V. (orgs). **Atlas do agronegócio: fatos e números sobre as corporações que controlam o que comemos.** Rio de Janeiro: Fundação Heinrich Böll, 2018.

76. SEOANE, C.E.S; FROUFE, L.C.M.; SILVA, R. O.; STEENBOCK, W.; EWERT, M.; NOGUEIRA, R. **Restauração ecológica de paisagens degradadas por meio da produção agroecológica em sistemas agroflorestais (Degrade Landscape Ecological Restoration through Agroecological Production on Agroforestry Systems).** EMBRAPA FLORESTAS. COMUNICADO TÉCNICO, v. 346, p. 1, 2014.

77. SHEALY, C. N.; MYSS, C. M. **Medicina intuitiva**. São Paulo, Cultrix, 1997. 272 p.

78. SIMINSKI, A.; FANTINI, A. C.2007. Roça-de-toco: uso de recursos florestais e dinâmica da paisagem rural no litoral de Santa Catarina. **Ciência Rural**. 37(3): 1-10.

79. SINGER, P. **Aprender economia**. São Paulo, Editora Contexto, 1998.

80. SOUZA, R. M. de. Na luta pela terra, nascemos faxinalenses: uma reinterpretação do campo intelectual de debates sobre os faxinais. **Tese.** Doutorado em Sociologia. Universidade Federal do Paraná, 2010.

81. STEENBOCK,W.;SILVA,R.O.;FROUFE,L.C.M.;SEONAE,C.E. Agroflorestas e sistemas agroflorestais no espaço e no tempo. In: STEENBOCK, W.; COSTA E SILVA, L.; SILVA, R.O.; RODRIGUES, A.S.; PEREZ-CASSARINO, J.; FONINI, R. (Org.). **Agrofloresta, ecologia e sociedade**. Curitiba: KAIRÓS. p. 61-89, 2013.

82. STEENBOCK, W.; COSTA E SILVA, L.; SILVA, R.O.; RODRIGUES, A.S.; PEREZ-CASSARINO, J.; FONINI, R. (Org.). **Agrofloresta, ecologia e sociedade**. Curitiba: KAIRÓS. p. 61-89, 2013.

83. STEENBOCK, W. & VEZZANI, F. M. **Agrofloresta: aprendendo a produzir com a natureza**. Curitiba: Fabiane Machado Vezzani (ed), 2013.

84. STEENBOCK, W. VEZZANI, F.M. COELHO, B.H. da; SILVA, R. O. Agrofloresta agroecológica: por uma (re)conexão metabólica do humano com a natureza. **Revista Brasileira de Desenvolvimento Territorial Sustentável GUAJU**, Matinhos, v.6, n.2, jul./dez. 2020.

85. STEINER, R. **Fundamentos da agricultura biodinâmica: vida nova para a terra**. 3. Ed. São Paulo: Antroposófica, 2001. 235 p.

86. THICH NHAT HANH, Reimpresso do Coração do Entendimento: comentários sobre o Prajñaparamita Sutra, 1988. Com a permissão da Parallax Press. Berkeley, California. In: WAHL, D. C. **Design de culturas regenerativas**. 2ª Ed. Rio de Janeiro, Bambual Editora, 2020. 376 p.

87. TOLEDO, V. M.; BARRERA-BASSOLS, N.: **A memória biocultural: a importância ecológica das sabedorias tradicionais**. São Paulo: Expressão Popular, 2015.

88. VAZ, P. Agroflorestas, clareiras e sustentabilidade. In: CANUTO, J. C. **Sistemas agroflorestais: experiências e reflexões**. Brasília/DF, EMBRAPA, 2017.

89. VIVAN, J. L. **Agricultura & Florestas: princípios de uma interação vital**. Guaíba: Agropecuária, 1998. 207 p.